高等教育艺术设计精编教材

U0351960

书籍设计

周东梅 田华 编 著

清华大学出版社

北 京

内 容 简 介

书籍设计是现代设计基础的重要组成部分,也是艺术设计专业必修的一门专业课程。本书全面地介绍了以下内容:书籍设计的概念、发展以及当代设计的风格和趋势;书籍出版及设计流程;书籍纸张、开本和装订方式的选择;书籍的构成元素和设计要求;书籍的版式设计;书籍设计的创意原则和"五感"的应用以及书籍的印刷工艺。通过本书的学习,使学生掌握书籍设计的方法与原则,熟悉书籍的印刷工艺等。

本书可以作为高等院校艺术设计相关专业学生的教材,也可以作为从事相关设计工作的设计师以及广大社会自学者的参考资料。

图书在版编目(CIP)数据

书籍设计/周东梅,田华编著.--北京:清华大学出版社,2014
高等教育艺术设计精编教材
ISBN 978-7-302-34314-1

Ⅰ.①书… Ⅱ.①周…②田… Ⅲ.①书籍装帧—设计—高等学校—教材 Ⅳ.①TS881

中国版本图书馆 CIP 数据核字(2013)第 252575 号

责任编辑:张龙卿
封面设计:徐日强
责任校对:刘 静
责任印制:王静怡

出版发行:清华大学出版社
　　　　网　　　址:http://www.tup.com.cn,http://www.wqbook.com
　　　　地　　　址:北京清华大学学研大厦 A 座　　　　邮　　编:100084
　　　　社 总 机:010-62770175　　　　　　　　　　　邮　　购:010-62786544
　　　　投稿与读者服务:010-62776969,c-service@tup.tsinghua.edu.cn
　　　　质 量 反 馈:010-62772015,zhiliang@tup.tsinghua.edu.cn
印 装 者:北京亿浓世纪彩色印刷有限公司
经　　　销:全国新华书店
开　　　本:210mm×285mm　　　印　　张:10　　　字　　数:287 千字
版　　　次:2014 年 1 月第 1 版　　　印　　次:2014 年 1 月第 1 次印刷
印　　　数:1～3000
定　　　价:54.00 元

产品编号:047132-01

前　言

　　在高等学校艺术设计教育蓬勃发展的大背景下,书籍设计在电子书迅猛发展的今天被赋予了更高的要求,肩负着更大的责任。如何让传统印刷书籍在新形势下焕发出新的活力和优势,是设计者不断追求的目标。

　　"书籍设计"课程是艺术设计专业的必修课程,也是平面类专业的基础课程。书籍给读者的感官感受、心理感受和情感交流是未来电子书不能取而代之的根本原因。随着电子书的影响力与渗透力的增强,势必会给传统图书带来冲击、挑战,也会带来机遇。而创新设计正是将传统书籍的优势加以发挥的重要手段。造型、互动、色彩、材料和印刷工艺使书籍设计具有原创性和人情味,使传统书籍延续其人文优势从而成为充满生命力的文化传播的载体。

　　本书的第1章、第4章、第6章、第7章和第8章大部分内容由周东梅编写,第2章、第3章、第5章以及8.1.2小节中的部分案例由田华撰写;深圳国际彩印有限公司为本书提供了印刷图例和工艺信息;本书部分图例的精彩照片由复旦大学上海视觉艺术学院张斐老师拍摄;陆林、陈洁、徐佳芸等同学精心修正和绘制的图片也为本书增色不少;尤其感谢吕敬人老师、陈耀明老师在本书编撰过程中给编者提供的大力支持。

编　者

2013 年 10 月

目　录

第 4 章　书籍设计的构成元素

第 5 章　书籍版式设计

第 6 章 书籍设计的创意原则和"五感"的应用

第 7 章 书籍的印刷艺术

第 8 章　当代书籍设计及发展趋势

参考文献

第1章
书籍设计概述

1.1 书籍设计的概念

1.1.1 什么是书籍设计

书籍设计是书籍的造型艺术,是书籍出版过程中关于书籍各部分结构、形态、材料应用、印刷工艺、装订方式等全部设计活动的总和。书籍设计具有系统性、整体性的特点。

书籍设计的作用就是要将书稿的文字、图形、图像、表格等要素有意图、有组织、有顺序地进行设计编排,把书本的各种信息用富有节奏感和层次感的方式表达出来。选择合适的纸张及各种装帧材料,将图文大量复制并装订成册,使其载录得体、翻阅方便、阅读流畅、利于传播,并且易于收藏。

1.1.2 从书籍装帧到书籍设计

"装帧"一词最早出现在 1982 年丰子恺等人为上海《新女性》杂志撰写的文章中,当时引用的是日语词汇,其所指就是书籍的封面设计。"装帧"一词出现后很快被人们所接受并且沿用至今。词的本义是纸张折叠成一帧,由多帧装订起来,附上书皮的过程,同时还具有对书的外表进行创意设计的概念。

书籍设计是一门"构造学",是一种立体的思考行为。书籍设计要求设计者能够捕捉住表达全书内涵的各类要素,包括到位的书籍形态、严谨的文字排列、准确的图像选择、有想象的留白、规矩的构成格

式、动感的视觉旋律、丰富的色彩配置、个性化的纸材运用、毫厘不差的印刷工艺等,最后达到书籍美学与信息传达功能完美融合的书籍表达语言。

1.2 书籍设计简史

1.2.1 书籍设计的起源

书籍设计的起源可以追溯到人类开始用符号、图形、文字记录和传达人们的信息和思想情感(图 1-1)。古代符号、图形、文字依附的物质材料有岩石、兽骨、兽皮、甲壳、青铜、铁器、陶器、植物皮叶等(图 1-2)。这些载体成为现代意义上书籍的最初模式,因为它们具有书籍保存及传达信息和思想的基本功能,叙述着人类的文明进程,传播着人类的文化。

⬆ 图1-1 带有鹿纹的岩画(出现在两万年前)

⚓ 图1-2 大汶口文化陶尊及符号（约六千年前）

河南"殷墟"出土了大量刻有文字的龟甲和兽骨，这是迄今为止我国发现最早的作为文字载体的材质（图1-3）。甲骨上所刻文字纵向成列，每列字数不一，皆随甲骨形状而定。甲骨文字形尚未规范化，字的笔画繁简悬殊，刻字大小不一。甲骨文对书籍起源和发展具有十分重要的意义。

⚓ 图1-3 殷墟出土的牛胛骨

中国古代四大发明中的造纸术和印刷术对书籍的发展起到了至关重要的作用。纸的发明确定了书籍的材质。印刷术的发明替代了繁重的手工抄写方式，缩短了书籍的成书周期，大大提高了书籍的品质和数量，这种形式一直延续到现代。

据文献记载和考古发现，我国西汉时期就已经出现了纸。西汉初期丝织作坊的女工在水中漂絮制造丝绵的生产过程中，最先发明和制造了纸（图1-4）。东汉蔡伦在其基础上改进并提高了造纸工艺。《后汉书·蔡伦传》中记载："自古书契多编竹简，其用缣帛者谓之纸，缣贵而简重，并不便于人。蔡伦造意，用树肤、麻头、敝布、渔网以为纸，元兴元年奏上之。帝善其能，自是莫不以用焉，故天下咸称'蔡伦纸'。"到魏晋时期，造纸技术、材料、工艺等进一步发展，几乎接近近代的机制纸（图1-5）。到东晋末年，已经正式规定以纸取代简缣作为书写用品。纸张轻便、灵活和便于装订成册等优点使其迅速替代其他材料成为书籍的主要载体（图1-6）。

⚓ 图1-4 古代妇女漂絮图

印刷术的发明使书籍传播得更为迅速和广泛。"雕版肇始于隋朝，行于唐世，扩于五代，而精于宋人"（明朝胡应麟《少室山房笔丛》）（图1-7和图1-8）。然而雕版印刷费工耗材的缺点使其渐渐地不能满足社会对书需求量的增加。北宋刻版工匠毕昇用胶泥制成字坯，刻字后用火烧制成活字，这样印完的活字可以反复使用（图1-9）。活字印刷术的发明是促进书籍发展的重要条件。

1. 原料的切、踩和浸洗

2. 蒸、捣和打槽

3. 抄造、晾晒和整理

🔴 图1-5 中国古法造纸图

🔴 图1-6 抄写在白麻纸上的《优婆塞戒经》（北京）

🔴 图1-7 雕版

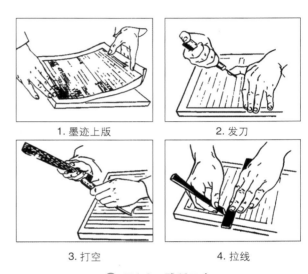

1. 墨迹上版   2. 发刀

3. 打空   4. 拉线

🔴 图1-8 雕版工序

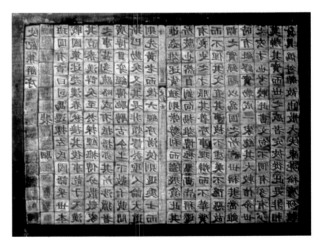

🔴 图1-9 泥活字版

1.2.2 我国古代书籍设计的形式

中国书籍在长期的演进过程中逐步形成了古朴、简洁、典雅、实用的具有东方特色的形式。春秋时期出现了简策、版牍、缣帛，文字记录形态已具备现代书籍基本形式的结构雏形，这一时期也是书籍装帧艺术的萌芽时期。东汉以后由于造纸术的发明，文字依附的材料渐渐被纸张代替。隋唐时期印刷术的兴起使书籍逐渐由手抄改为木版雕刻印刷，装帧也在卷轴装的基础上发展为册页方式，先后出现了梵夹装、旋风装、经折装、蝴蝶装、包背装、线装等艺术形式。中国古代书籍讲究"雅致"，认为"装订书籍，不在华美饰观，而要护帙有道，款式古雅，厚薄得宜，精致端庄，方为第一"（《藏书纪要》）。可见中国古代对书籍装帧艺术形式与内容以及和读者之间的关系都有精辟的见解。

1. 简策

中国的书籍形式是从西周时期的简策开始的。以竹为材质的书，古人称作"简策"。把竹子加工成统一规格的竹签，再放置在火上烘烤，蒸发竹签中的水分，防止日久虫蛀和变形。在竹签上写字，这根竹签就叫做"简"（图1-10）。简的长度一般有三尺、一尺和半尺三种。把许多"简"编连起来叫做"策"。编"简"成"策"的方法是用上下各一道绳将"简"依次编连，再用绳子的一端将"简"扎成一束，就成为一册书（图1-11）。汉代时的简策书写已经十分规范，先有两根空白的"简"，称为"赘简"，目的是保护里面的简，相当于现在的护页。然后是篇名、作者、正文。一部书若有许多"策"，常用帛之类的丝织品包起来，叫做"囊"，相当于现在的书盒。简策对中国书籍文化有着极其重要和深远的影响。

2. 版牍

以木为材质的书，古人称为"版牍"。把树木锯成段，剖成薄板刮平，写上字就为"牍"（图1-12）。与简策不同的是版牍面积大，地图、书信在古代常使用版牍，地图因此也称为"版图"。

简策和版牍有着分量重、占用空间大、使用不便等诸多缺点。而且由于年代久远，竹木材质难以长时间保存，所以现在我们已经很难看到那些古籍，就是在博物馆也难得一见完整的简牍。

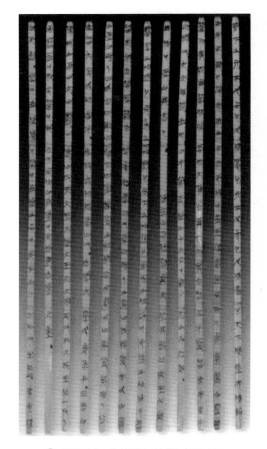

⤒ 图1-10 《老子》竹简（战国）

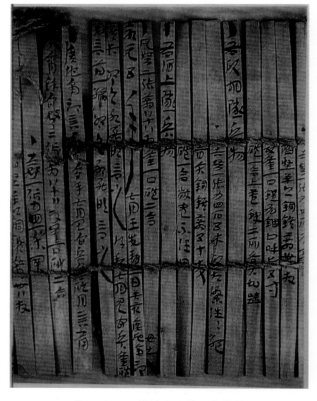

⤒ 图1-11 敦煌出土的汉代简策

☝ 图1-12　版牍（西汉）

3．缣帛

先秦文献中多次提到了用帛作为书写材料的记载，《墨子》中提到"书于竹帛"。帛质轻，易携带，书写方便，尺寸长短可根据文字的多少裁成一段，卷成一束，称为"一卷"，由此形成了卷轴的形式（图1-13）。缣帛作为书写材料，与简牍同期使用。但帛造价昂贵，不利于大范围推广。

☝ 图1-13　湖南长沙东郊楚墓出土的帛书（战国）

4．卷轴装

由于竹木重、缣帛昂贵，公元 105 年东汉蔡伦在总结前人造纸经验的基础上改进了纸张的材料，使纸张成为文字的主要依附载体。这一时期书籍依然沿袭着卷轴的形式。

卷轴装形式的应用使文字与版式更加规范化，行列有序，流行于隋唐时期（图1-14 和图1-15）。与简牍相比，卷轴装舒展自如，可以根据文字的多少随时裁取。轴通常是一根有漆的细木棒，也有采用珍贵的材料如象牙、紫檀、玉、珊瑚等。卷的左端卷入轴内，右端在卷外，前面装裱一段纸或丝绸，叫做飘。飘头再系上丝带用来缚扎。从装帧形式上看，卷轴装主要由卷、轴、飘、带四个部分组成（图1-16 和图1-17）。"玉轴牙签，绢锦飘带"是对当时卷轴书籍的生动描绘。卷轴装在现代虽然已经不是书籍的形式，但仍然还在书画装裱中应用。

☝ 图1-14　卷轴装一

☝ 图1-15　卷轴装二

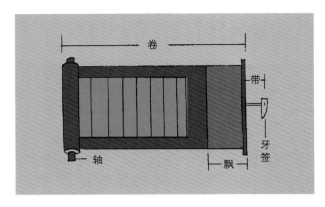

🔸 图1-16 卷轴装示意图

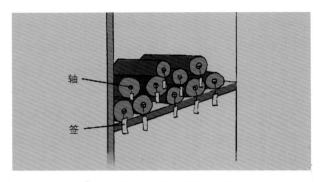

🔸 图1-17 卷轴装陈列示意图

5．梵夹装

由于卷轴装有着舒卷和查阅不方便等缺点，人们继续探索更为优良的书籍装帧形式。隋唐时期宗教的盛行使大量佛教典籍从印度流传到中国，都是单页梵文贝叶经的形式。贝叶是印度一种贝多树叶的简称，贝叶经的装法是将若干树叶中间打孔穿绳，上下垫上板片，再用绳子扎捆而成（图1-18）。模仿印度贝叶经的装帧形式，唐、五代时期出现了

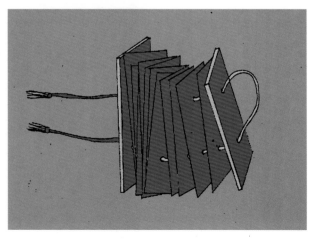

🔸 图1-18 梵夹装示意图

梵夹装，只不过文字载体已由贝叶变成了纸张。梵夹装是古代书籍形态由卷轴过渡为册页的重要装帧形式。今天很多佛经书仍在使用这种装帧形式（图1-19）。

🔸 图1-19 梵夹装的蒙文图书《甘露尔经》

6．旋风装

旋风装产生于唐中后期，是从卷轴装过渡到册页装的一个阶段。旋风装的外部形式跟卷轴装区别不大，仍需要卷起来存放。其装帧形式是以一幅比书页略宽略厚的长条纸作底，把书页鳞次相错地粘在底纸上，收藏时从首向尾卷起（图1-20）。因为翻阅时页面依次叠起，犹如旋风吹过一般，因此称之为旋风装。由于其形态似层层叠叠的鳞片，也被称之为龙鳞装。旋风装保留了卷轴装的外形，又解决了卷轴装信息承载量小的局限性，翻阅每一页都很方便。这种装帧方式在唐代流行了一段时间。

🔸 图1-20 旋风装书籍（唐代）

7．经折装

经折装出现在唐代后期。随着社会发展和人们对阅读书籍的需求增多，卷轴装的诸多弊端已经不能适应新的需求。而且这个时期雕版印刷术已经发明，需要根据版的尺寸来确定页面的大小。于是

人们将卷轴装中的长卷纸沿着文字版面的中间间隔一反一正折叠起来，最后形成长方形的一叠，前、后粘裱厚纸板或者木板，这种形式就叫做经折装（图1-21）。经折装的装帧形式与卷轴装已经有很大的区别，形状和今天的书籍非常相似，克服了卷轴装卷展不方便等问题，极大地提高了阅读效率，也更便于存放（图1-22）。

🔼 图1-21　经折装示意图

🔼 图1-22　经折装（明代）

8．蝴蝶装

进入宋代雕版印刷书籍盛行以后，由于书籍生产方式发生了变化，导致书籍装帧方法和形式也相应发生变化。早期人们写书或抄书不受任何限制，一纸接一纸地写下去。雕印书籍受版面制约，印出的书页都是以版为单位的单页。这种书页若沿用卷轴装或经折装，必须将书页依序粘连成长幅，极为不便，于是蝴蝶装便应运而生（图1-23）。具体方法是：将印好的一张书页以版心中线为准，字面相对折叠。然后集数页为一叠，排好顺序，以订口一方为

准，逐页用糨糊粘连。再选用一张厚硬结实的纸，粘于订口集中的一边作为书脊。最后将上、下、左三边切齐，一部蝴蝶装的书籍就算装帧完毕。由于版心藏于书脊，上、下、左三边都是栏外余幅，有利于保护栏内文字（图1-24）。《明史·艺文志·序》称："秘阁书籍皆宋元所遗，无不精美。装用倒折，四周外向，虫鼠不能损。"表明宋元时期盛行此装帧形式。蝴蝶装是完全从卷轴装分离出来的书籍装帧形制，基本打破了传统装帧形制的束缚，为中国书籍的发展开辟了一条新的途径。到了宋代，绝大部分书籍都采用蝴蝶装形式。蝴蝶装的书籍在书架陈列时，书口朝下，书根向外，与现代书籍陈列方式不同（图1-25）。此种装帧方法避免了经折装书页折痕处容易断裂的现象，从而得到较大推广。蝴蝶装虽有上述优点，却存在两个严重的不足，一是每隔两页会出现两个空白页，二是长时间使用之后粘连部分会脱落。

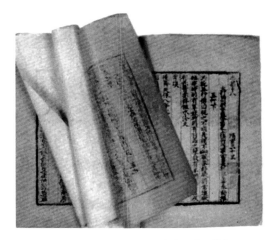

🔼 图1-23　蝴蝶装《隋书》（元代）

🔼 图1-24　蝴蝶装结构示意图

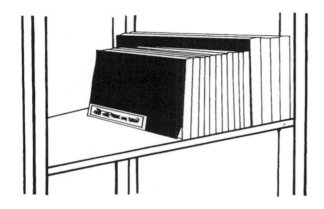

图1-25　蝴蝶装陈列示意图

9. 包背装

张铿夫在《中国书装源流》中说过："盖以蝴蝶装式虽美,而缀页如线,若翻动太多终有脱落之虞。包背装则贯穿成册,牢固多矣。"包背装每版仍然单面印刷,但是折页时是向外而不是向内,这意味着空白面折在里面,装订后读者看到的都是有文字的页面。对折页的文字面朝外,两页版心的折口在书口处。所有折好的书页叠在一起,书页齐向右边而集成书脊,用纸捻穿订固定。外表粘裱一张比书页略宽略硬的纸作为书脊、封面和封底。这种装帧形式缘自包裹书背,所以称其为包背装(图1-26)。包背装除了文字页是单面印刷,而且每两页书口处是相连的以外,其他特征均与今天的书籍相似(图1-27)。包背装书籍出现在南宋后期。元、明、清时期也多用此形式,如明代《永乐大典》、清代《四库全书》等。

图1-26　包背装示意图

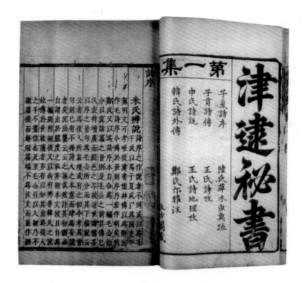

图1-27　包背装《津逮秘书》(明代)

10. 线装书

由于包背装的纸捻容易受到翻书拉力的影响而断开,会造成书页散落,所以逐渐被线装书所替代。线装书是中国古代书籍装帧最主要的一种形式,它与包背装书籍内页的装帧方法一样,区别之处是护封由两张纸分别贴在封面和封底上,书脊、锁线外露,用刀将上下及书脊切齐,打孔穿线,订成一册。一般用四眼订法,也有用六眼订和八眼订的,有的珍善本因需特别保护,就在书籍的书脊两角处包上绫锦,称为"包角"(图1-28)。线装书盛行于明清时期,流传至今的古籍善本颇多。线装书既便于翻阅,又不易散破。线装是中国传统装订技术史上最为进步的形式,具有典雅的中国民族风格的装帧特征。线装书的出现,形成了我国特有的装帧艺术形式,具有极强的民族风格,至今在国际上享有很高的声誉,是"中国书"的象征。

线装书的结构为:书衣(封面)、护页、书名页、序、凡例、目录、正文、附录、跋或后记,与现代书籍次序大致相同。线装书的封面及封底多用瓷青纸、栗壳色纸或织物等材料。封面左边有白色签条,上题有书名并加盖朱红印章,右边订口处以清水丝线缝缀。版面天头大于地脚两倍,并分行、界、栏、牌。行分单双,界为文字分行,栏有黑红之分的乌丝栏及朱丝栏,牌为记刊行人及年月地址等。并且大多书籍

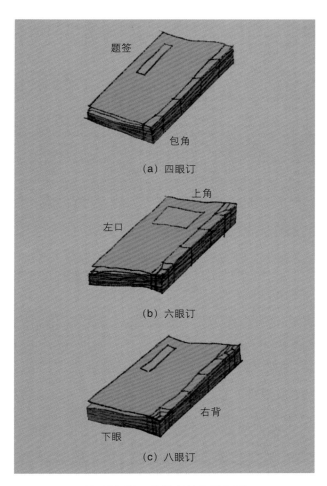

题签

包角

（a）四眼订

上角

左口

（b）六眼订

右背

下眼

（c）八眼订

⊕ 图1-28　线装书结构示意图

配有插画，版式有双页插图、单页插图、左图右文、上图下文或文图互插等形式。我国古籍书墨香纸润、版式疏朗、字大悦目、素雅端正，不刻意追求华丽，是我国线装书的特征。字体有颜、柳、欧、赵诸家，讲究总体和谐而富有文化书卷之气（图1-29）。

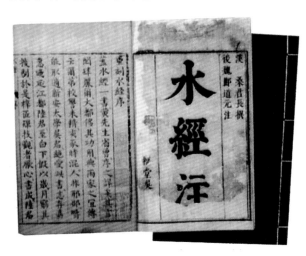

⊕ 图1-29　线装书《水经注》（明代）

由于线装书的封面都是软面的，只能平放，不能直立，插架和携带都不方便，所以有的书外面加函套来装盛书籍，材料一般为硬纸板或木材，有纸盒、夹板、木盒等形式（图1-30 ～图1-32）。

⊕ 图1-30　书匣

⊕ 图1-31　书抽《绮序罗芳》

⊕ 图1-32　书盒《集胜延禧》

古书流传越久就越容易受到损坏，修书时为了不磨损书页纸边，就采用了添加长于原书的新衬纸的方法，这样在翻阅时磨损的是衬纸，从而保护了原书，这种形式称为"金镶玉"，常用于佛经或经典名著等书籍（图1-33）。

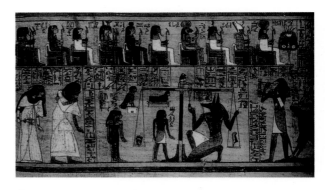

🔶 图1-33　金镶玉装《大悲心陀罗尼经》（清代）

1.2.3　西方书籍设计的发展历程

西方书籍的起源和发展同样有着悠久的历史。纸张作为主要载体以前，书写材料可以分为埃及的纸莎草纸卷轴，苏美尔人的泥板书，罗马人的蜡板书，印度、缅甸的贝叶书以及欧洲的羊皮纸册籍。德国人古腾堡发明的金属活字印刷术迅速地推动了西方科学和社会的进步，对西方书籍设计的发展有着至关重要的作用。英国人威廉·莫里斯奠定了现代设计风格基础，被西方人称为"现代书籍艺术之父"，以他为中心建立的书籍设计体系影响了现代书籍艺术的风格和发展方向。

1．纸莎草纸卷轴

公元前3000年，埃及人发明了象形文字。并用修剪过的芦苇笔将象形文字写在尼罗河流域湿地生产的纸莎草纸上，呈卷轴状态。纸卷在木头或者象牙棒上，平均六七米长，最长能够达到45米左右，这也是目前可认知的书的古老形态之一（图1-34）。由于纸莎草纸未经化学处理，因此有着怕潮虫啃咬，不宜长期保存的弊端。当时这种纸在古地中海

沿岸、古希腊、古罗马等地广泛使用了约4000年（图1-35）。

🔶 图1-34　出土于埃及噜可索尔西岸亚尼墓的《亚尼的死者之书》——纸莎草纸材质

🔶 图1-35　纸莎草纸

2．泥板书

公元前3000年左右，从外部迁移到伊拉克南部干旱无雨地区的苏美尔人利用河水灌溉农田，在生产中发明了世界上最早的文字之一——楔形文字。楔形文字用一种楔形的尖棒在泥板上刻写字迹，待泥板干燥窑烧后形成坚硬的字板，装入皮袋或者箱中组合，这就成为厚厚的能一页一页重合起来的泥板书（图1-36和图1-37）。

3．蜡板书

公元前2000多年，罗马人发明了蜡板书。蜡板

书是在书本大小的木板中间,开出一块长方形的宽槽,在槽内填上黄黑色的蜡。书写时用一种铁制的尖笔,它一头是尖的,另一头是圆的,尖的一头用在蜡板上刻字,圆的一端用来磨去写错的字。在木板的一侧上下各有一个小孔,通过小孔穿线将多块小木板系牢,这就形成了书的形式。为了怕磨损字迹,蜡板书的最前和最后一块木板不填充蜡,功能近似今天的封面和封底(图1-38)。在几个世纪里,学生们往往都在腰间系着一块蜡板,这是很独特的书籍形态。方便之处是蜡板可以擦了用,用后擦,反复使用。缺点是不能遇到火,一遇到高温就会像黄油一般融化,前功尽弃(图1-39)。

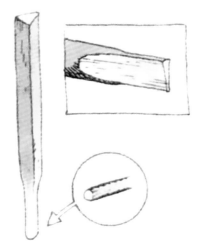

🔱 图1-36　书写泥板书的工具

🔱 图1-37　泥板书

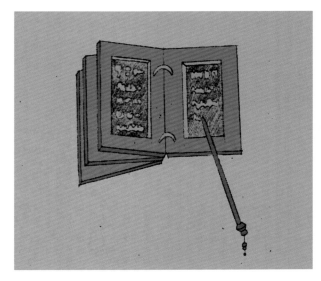

🔱 图1-38　蜡板书示意图

🔱 图1-39　西方古代蜡板书

4．贝叶书

贝叶是贝多罗树的叶子,印度、缅甸最多。在这种叶片上写的书称为"贝叶书",在印度、缅甸佛教圣地寺庙或图书馆里都完好地保存着许多古老的贝叶书,它的装帧形式颇像我国汉代的竹简书,用细绳一片片穿成。贝叶书刻写时必须用特制的铁笔用力均匀地刻写,刻写好后在贝叶上抹上煤油字迹才会显现,装订成书时要磨光书边,然后用两片薄木板夹住贝叶当作封面和封底。数千年前,历代各种佛教经文和皇宫内文献资料档案,大都用此奇特的书写形式(图1-40)。

🔼 图1-40 贝叶经

5. 羊皮纸

羊皮纸的出现给欧洲的书籍形式带来了巨大变化。羊皮纸有着其特有的优越性,它比纸莎草纸薄而且结实,可以切割、折叠,不怕碎裂和折皱,两面都可以写字。羊皮纸有卷轴和册籍两种形式(图1-41)。由于阅读卷轴时必须左右手同时进行,给人们造成了阅读上的不便,因此促成了羊皮纸册籍的产生。羊皮纸册籍是用线把许多页羊皮纸装订成册籍的形式,与今天的书很相似。公元3世纪和公元4世纪时册籍形式的书得到普及。册籍翻阅起来比卷轴容易,可以很好地进行查阅,收藏和携带也更为方便。册籍出现后卷轴的形式并没有完全消失,这两种书籍形态共存了两三个世纪。由于羊皮纸工艺比较复杂,当时是由专门的羊皮纸作坊加工制作的(图1-42)。

🔼 图1-41 羊皮纸卷轴(1200年左右)

羊皮纸册籍主要体现在各种手工书写和绘制的宗教书籍上。当时由于纸张的制造技术还未从中国传播到欧洲,人们主要运用十分珍贵的羊皮纸进行书写。一本200页的书籍要一个书写者花四五个月的时间才能够完成,所以书籍在那时是非常贵重的

🔼 图1-42 羊皮纸作坊情景

东西,只有少数贵族统治阶级才能享用。许多书籍运用了金银等贵重的材料。在设计上,手工绘制的书籍具有很高的艺术价值。如在染成深紫红色的羊皮纸上运用金色或银色描绘各种花卉,或在人物背景上用金色和红色绘出各种图案或风景。许多图案装饰华美,刻画细腻。文字运用了各种装饰字体。画面上十分注重文字和图形的色调对比。特别是图案运用了植物的曲线组合,形成了一种色调匀称的肌理。插图和文字之间不像中国的书籍那样有着分明的界限,常常交叉在一起,但在色调上层次分明。

6. 欧洲印刷先驱——约翰内斯·古腾堡

中国发明的造纸术很早就传入了西方。公元1400年以后,欧洲各国开始逐步建立起自己的造纸业,纸张被普遍采用。同时欧洲人也运用木刻的方法印制多种印刷品。在这样的技术基础上,书籍的设计也有了根本性的进步,一方面出现了比手写字体更为规范、更为精细的字体;另一方面,出现了更为简洁、明快,具有大面积空白的编排样式,尽管大多数版面只是运用了单栏的文字编排样式。

约翰内斯·古腾堡是西方活字印刷术的发明人,他的发明迅速地推动了西方科学和社会的发展,奠定了欧洲现代文明发展的基石。古腾堡的印刷术使

得书籍变得便宜,不再是贵族专属的奢侈品。印刷的速度也提高了许多,印刷量大幅度增加,使得知识和信息迅速得到普及。古腾堡对世界知识的传播和文明的演进具有重要的影响。

现代印刷术有四个主体成分:第一是活字及其定位法;第二是印刷机本身;第三是适宜的墨水;第四是适宜的材料,如印刷的纸张。纸对古腾堡来说是印刷术中唯一伸手可得的成分,其他三种成分虽说前人已经做了一定的工作,但仍需要他做出许多重要的改进。因此他发明了适于制造活字的金属合金、能准确无误地倒出活字字模的铸模、油印墨水和印刷机。古腾堡印制的书籍中最重要的就是1455年印制的《圣经》,这是《圣经》第一次以印制的方式呈现(图1-43)。几个世纪以来都是由寺院手工操作的刻本,现在却非常漂亮地用文字印刷在活页纸上了。当时印出约200部《圣经》,其中48部保存至今。由于《圣经》每页42行文字,因此现在也被称为42行《圣经》。因为当时的技工以不同的方法装饰书页,所以每本《圣经》各不相同。经过精美的装饰和装订的《圣经》拿在手里非常重,必须搁置在读经台上阅读。

图1-43 四十二行本《圣经》

7．现代书籍艺术之父——威廉·莫里斯

英国人威廉·莫里斯(William Morris)奠定了现代设计风格基础。他所倡导的"手工艺复兴运动"同时也影响着书籍艺术的发展,被西方人称为"现代书籍艺术之父"(图1-44)。莫里斯亲自办印刷厂,亲自进行设计艺术工作。他印刷、装订和出版

了53种书籍,其中最具有代表性的作品是《乔叟诗集》。莫里斯为书籍专刻了乔叟体,并设计了大量纹饰,他引用中世纪手抄本的设计理念,将文字、插图、版面构成、活字印刷综合运用为一个整体。这本书是他所倡导的"书籍之美"理念的最好体现(图1-45～图1-47)。他还为《戈尔登勤根德》的英文译本专刻了戈尔登印刷字体,戈尔登体是他参照了古朴美观的严肃体刻成的,这种字体强调手工艺的特点,十分美观,对印刷活字发展有很大贡献。他设计的封面十分简洁、优雅,并且将书籍外表与内容在精神上和艺术上进行统一。莫里斯对书籍设计的另外一个贡献就是号召其他艺术家从事书籍设计工作,从那时以来,包括一代大师保罗·克利、瓦西里·康定斯基等都投身现代设计,使版面的设计和种类丰富起来。由于大师介入书籍艺术设计,使得书籍艺术受同时代艺术思潮所影响。表现主义、未来主义、达达主义、新客观主义,包括后来在美国盛行的欧普艺术、超现实主义和照相现实主义都在书籍封面和插图中出现,为封面设计和插图艺术增添了新的表现形式。

图1-44 莫里斯肖像

⊕ 图1-45 《乔叟诗集》封面设计

⊕ 图1-46 《乔叟诗集》内页设计一

⊕ 图1-47 《乔叟诗集》内页设计二

1.3 中国现代书籍装帧艺术的萌芽

1.3.1 新文化运动对书籍设计的影响

中国现代书籍装帧艺术是随着"五四"新文化运动的推动而兴起的，由此开始向现代书籍的生产方式与设计形态转变。由于受西方文化和印刷技术的影响，书籍逐渐脱离了古代的装帧形式，产生了新的阅读装订方式和书籍形态。当时书籍艺术界最有影响的人物有鲁迅、陶元庆、司徒乔、孙福熙、丰子恺、钱君匐、张光宇等。

20世纪30年代鲁迅将日本的书籍艺术和欧洲的书籍插图介绍到中国，使中国现代书籍艺术向前迈了一大步。鲁迅先生不仅是作家、思想家，还是一个资深的美术研究者，他自1912年开始收集研究六朝造像、汉画像、汉碑帖和其他金石拓本，因此他的书籍设计具有专业设计的风范。鲁迅先生亲自动手设计了不少书籍，倡导"洋为中用"，但又不失民族特色。鲁迅对封面、插图、书名、字体、标点、留白、用色，直到纸张、印刷和装订等一系列问题都十分细致和考究。他的书籍设计有四个典型的特点：一是朴素，很多书都是"素封面"，除了书名和作者题签外，不着一墨；二是喜爱引用汉代石刻图案作封面装饰，甚至用线装古籍形式包装外国画集；三是喜欢用毛边装订书籍，觉得光边书像没有头发的人；四是在版式上喜欢留出很宽的天头地脚，让读者可以写上评注或心得。

鲁迅先生重视书籍设计不但表现为中西结合和亲自动手设计，更重要的是对装帧设计工作者的重视。当时出版界把书籍设计者看作是匠人，鲁迅对书籍设计者的态度则是爱护和尊重。他请人画封面，允许设计者在适当的位置签上自己的名字以示负责和荣誉。陶元庆为鲁迅设计封面，就签上"元庆"。到今天封面上的书籍设计者的名字也是由此演变过来的，为书籍设计者在出版界赢得一席之地，足以证明鲁迅先生对书籍设计的重视和倡导。

《呐喊》（鲁迅著，鲁迅设计，1926 年北新书局出版，32 开）是鲁迅最优秀的设计之一，今天看来仍无可挑剔（图 1-48）。暗红的底色如同腐血，包围着一个扁方的黑色块，令人想起他在本书序言中所写的可怕的铁屋。黑色块中是书名和作者名的阴文，外加细线框围住。"呐喊"两字写法非常奇特，两个"口"刻意偏上，还有一个"口"居下，三个"口"看起来非常突出，仿佛在齐声呐喊。鲁迅只是对笔画作简单的移位，就把汉字的象形功能转化成具有强烈视觉冲击的设计元素。这个封面不遣一兵，却似有千军万马；它师承古籍，却发出令人觉醒的新声。

🔶 图1-49 《引玉集》（鲁迅）

设计了封面插图。鲁迅先生为其书籍封面设计的插图是一幅典雅灵动的云纹羽人图（图 1-50）。插图体现出鲁迅对汉画像的独特理解与传承，寄托着他发扬光大汉画艺术的殷切期盼。

🔶 图1-48 《呐喊》（鲁迅）

《引玉集》（苏联版画集，鲁迅编辑、设计，1932 年出版，32 开）是精装本，鲁迅专门送到日本印刷。苏联版画家们的姓名字母被分为八行横排，置入中式版刻风格的"乌丝栏"中，与左边竖写的"引玉集"三个大字相映成趣。又有一圆形阴文的"全"字将方形构图打破，红底黑字的方框顿时便活络起来。封面最左边有一黑色边线，漫过书脊，流向整个封底。红与黑和封面的白底形成强烈对比（图 1-49）。

《桃色的云》为三幕童话剧，是俄国盲诗人爱罗先珂（1889—1952）用日文写成，于 1921 年出版的作品。应爱罗先珂之邀，鲁迅将其翻译为中文，并

🔶 图1-50 《桃色的云》（鲁迅）

钱君匋先生在书籍设计领域是著名的"钱封面"，设计的封面不下数千种。封面设计在钱先生笔下"仿佛是歌剧的序曲，听了序曲，便知道歌剧内容的大要。所以优良的书籍设计，可以增加读者的读书兴趣，可以帮助读者理解书籍。"设计格调之高下，常常取决于创作者对艺术的理解能力、艺术创造能力还得加上多方面的造诣和修养，仅仅具有一些绘画的技巧还不能使封面成为一件有欣赏价值的艺术品（图 1-51 和图 1-52）。

🔁 图1-51 《十月》（钱君匋）

我国现代书籍艺术经过鲁迅、陶元庆、司徒乔、孙福熙、丰子恺、钱君匋、张光宇等艺术家的努力，将外来影响与民族风格水乳交融地融合在一起。在当时印刷技术有限、成本限定的情况下，运用文字的变形、图案的纹样、抽象的造型与中国传统碑版、雕塑、壁画的结合，形成了具有民族气质的中国现代书籍艺术，许多佳作至今仍给予读者创意的欣赏与美感的享受（图1-53～图1-59）。

🔁 图1-53 《彷徨》（陶元庆）

🔁 图1-52 《欧洲大战与文学》（钱君匋）

🔁 图1-54 《苏联短篇小说集》（陈之佛）

图1-55 《莽原》（司徒乔）

图1-56 《绵被》（丰子恺）

图1-57 《万象》（张光宇）

图1-58 《野草》（孙福熙）

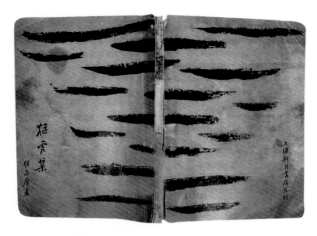

图1-59 《猛虎集》(闻一多)

1.3.2　新中国成立后的书籍设计风格

1949年新中国成立后,出版行业发展的同时也提高和发展了书籍艺术,出现了专门从事书籍设计的专家与机构。从1959年举办全国书籍装帧艺术展览会开始,我国书籍装帧设计的整体水平不断提高,书籍装帧艺术更加注重对文化精神内涵的挖掘。在形式设计与艺术创意中,更加注重对现代感与民族精神的追求。书籍艺术理论建设也因此得到了进一步发展。

随着科学技术的迅猛发展,今天的书籍设计,再也不像以往那样在铅板上通过收盘式排字机来决定版心宽度、高度,而是面对荧屏进行平板、剪辑。通过计算机的键盘指令,轻松表达设计者丰富的想象力。由于计算机的运用,设计者再也不像以前那样必须面对大堆制图工具、大堆草稿纸,花费大量时间去制作图纸,设计者获得了大量的进行创意的宝贵时间。计算机技术和软件开发不断细致完善,为书籍艺术设计开创了一个新纪元。虽然我们今天手里的一本书,表面看上去与30年以前的书籍没有太大的区别,然而这本书的产生方式与30年前相比,发生了截然不同的变化。现代化的计算机编排、剪辑、制图、数字化拼版、印刷对于书籍设计来说是一场无声的革命。

思考与练习

讨论题:

1. 简述书籍装帧与书籍设计的区别。
2. 简述鲁迅在中国现代书籍装帧艺术发展中的作用。

作品创作: 以中国古代书籍设计的形式,如旋风装、经折装、线装书等为原型,创作一本概念书籍,材质、开本不限,要求提交实物。

第 2 章
书籍出版及设计流程

2.1 书籍出版流程

书籍的产生包括以下流程：选题（市场需求）、策划（确定合适的作者）、形态确定、设计制作（设计师对于整本书籍的认知创作）、制版打样、印刷装订。

书籍的出版流程具体可以分为：

（1）确认原稿、设计。

（2）选择印刷工艺及材料，视成本而定。

（3）确定封面所用的字号、字体、完成色彩的设计稿。经出版社"三审制"审稿、定稿。

（4）设计者制作正稿，印刷厂彩色打样。

（5）最后校样经设计者、责任编辑同意后，交印刷厂开机印刷。

书籍出版的顺序环环相扣，在这些过程中可能会涉及编辑学、逻辑学、装饰学、美学、多媒体学、影像学、工艺学、设计艺术学、符号学等学科，书籍设计中时间、空间的驾驭感以及形神兼备的设计才是书籍设计的生命力所在（图 2-1）。

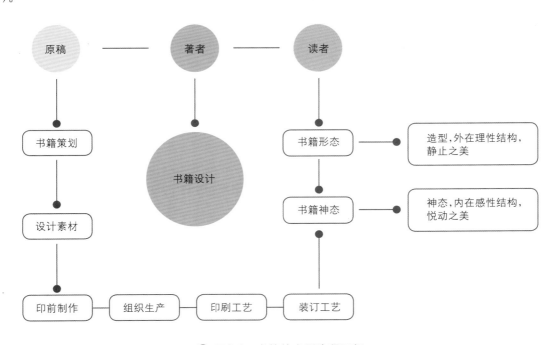

图2-1 书籍的出版流程图解

2.2 书籍设计流程

2.2.1 主题设立

主题是书籍信息的核心，一个好的选题要符合社会发展的需求，也是书籍设计的第一步。根据广大受众的需求而确定，符合一定时期内社会时尚和受众思维（图2-2和图2-3）。

🔼 图2-2 《我是个年轻人 我心情不太好》（阿澜·卢著/宁蒙译/浙江文艺出版社）

🔼 图2-3 《平面设计死了吗？》（李德庚等著/文化艺术出版社）

2.2.2 符号捕捉

符号是视觉设计的基本操作对象，在书籍的整体设计上主要强调设计的秩序感、提取全书中的符号，确保其传达信息的精准度以及贯穿性，使读者在阅读的同时感受到图形符号、字体设计、编排形式、色彩搭配、材质工艺、印刷质感、装订方式等带来的新鲜感和感官上有序的组合，从而在读者脑海深处形成感官阅读感受——秩序感（图2-4和图2-5）。

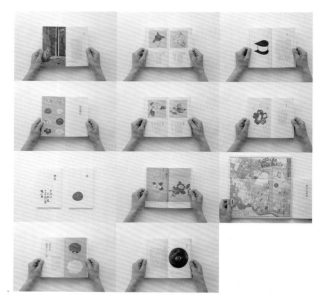

🔼 图2-4 书籍设计中的秩序感——符号秩序

2.2.3 形态定位

从甲骨文之"书"、钟鼎器之"书"、石经之"书"，埃及纸草卷之"书"、欧洲人之羊皮"书"，到如今的纸质、绢制、3D立体书（图2-6）以及电子书籍（图2-7），对"形态"两字的强化以及对形态构想的关注，源于技术进步与理论的重组，更是社会发展对书籍设计提出的新要求、新规定。书籍形态的设计理念必须要在设计师的心中建立，设计对象必须符合功能的要求，这是书籍设计的根本。

书籍装帧是用"体"和"貌"的艺术构成将精神内容与物化的载体统一为一体。要塑造书籍的形

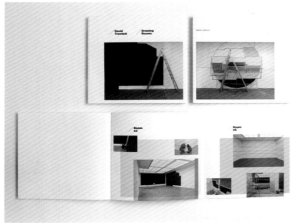

图2-5　书籍设计中的秩序感——编排，色彩作为其视觉元素的索引点，凸显版面的整体、大方、简洁，现代感较强

态，首先要有发散性思维和创造意识。书籍的形式最终之依据还是其内容，选择合适的创作形式及手

法是表现其主体的最佳形式。近年来书籍设计的内容、形式早已在创作环节合为一体，书籍的内容虽然是影响书籍功能性最直接的要素，但其形态绝不能忽视（图 2-8～图 2-11）。

图2-6　书籍设计新兴形态——3D立体书籍，形式新潮，视点独特，给读者的阅读带来无限乐趣

图2-7　书籍设计新兴形态——电子显示屏书籍设计，优势明显，产能充足，可运用到多种多媒体设备中

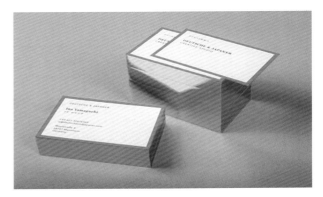

图2-8　书籍设计的形态——组合式，特殊的结构与传统视觉规律相结合，平衡形式，整体创作协调统一

⊕ 图2-9　书籍设计形态——材质，全新阐述了新兴材料的性能和用途

⊕ 图2-10　书籍设计形态——书貌，运动用品在设计中与纸质材质结合，既有对比又不失协调

⊕ 图2-11　书籍设计形态——包装解构式（英国设计师Brook Antony），材质的巧合与微差，很直观地表达了它们之间若即若离的关系，同时尽现其功能性

⊕ 图　2-11（续）

2.2.4　语言表达

　　书籍装帧设计的语言形态很多，如文字语言、图形语言、形式语言、感官语言等，多样化的传达媒介能促使设计者表现手法多样化，也增加了让读者容易触动的机会，为读者创造精神需求的空间及感受。但这要求设计师在内容和形式之间掌握平衡，要想方设法在内容和读者之间架起互动的桥梁，创作出更合适的作品（图 2-12 ～图 2-16）。

⊕ 图2-12　书籍设计中的图像传达设计（Inaki Estella）

⚫ 图2-13　书籍设计中的图形传达设计。插画是近五年来的书籍装帧中较主流的设计风格，多媒体软件手段的运用使得插画设计感十足

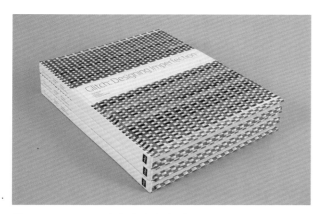

⚫ 图2-14　图形传达的节奏感（*Designing Imperfection*，Moradi Iman等著）

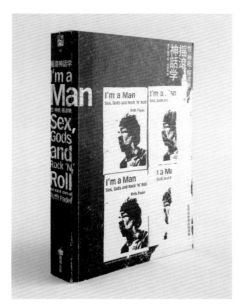

⚫ 图2-15　书籍设计中的文字传达设计（《摇滚神话学》，露芙·帕黛著，何颖怡译）

⚫ 图2-16　综合设计（*Kilimanjaro*, Michel Moushabeck著，Hiltrud Schulz摄影）

思考与练习

讨论题： 简述书籍的出版流程及涉及学科。

作品创作：

1. 书籍设计中创新形态练习。

2. 书籍设计中文字语言、图形语言、形式语言、感官语言创作练习。

第3章
书籍设计的材料、开本及装订方式

书籍的开本是指书籍的幅面大小,即书的尺寸和面积,通常用"开"或"开本"来做单位,如16开、32开、64开,或16开本、32开本、64开本。开本的大小是根据纸张的规格来定的,纸张的规格越多,开本的选择性就越大。

3.1 纸张——书籍的最基本材料

中国纸张的独有特性是世界艺术进程中的重要组成部分,至今中国纸书籍仍受到特有的青睐。人们翻阅着具有自然气息的书页纸,从中体味中国文化的韵味。

随着数字化信息时代的到来,体现了技术和文化的发展,纸张是否还有存在的必然性呢?答案是肯定的。数字化电子读物有其便携型及特殊的阅读功能,传统书籍也保留着其自身特质,两者可作为不同的书籍装帧形态共同存在。

3.1.1 全开纸的概念

目前用的全开纸有四种规格:787mm×1092mm,800mm×1230mm,850mm×1168mm,889mm×1194mm,纸张幅面允许的偏差为±3mm。符合上述尺寸规格的纸张均为全张纸或全开纸。

由于全开纸张的幅面大小有差异,故同开数的书籍幅面因全开纸纸张不同而有大小的区别。如书籍版权页上标注的"787×1092.1/16"是指该书籍用787mm×1092mm规格的全开纸切成的16开本的书籍。同理,如版权页标注"850×1168.1/16"是指该书籍是用850mm×1168mm规格的纸张切成的16开本的书籍,通常前者称16开,后者称大16开。

3.1.2 大度和正度纸张尺寸

常用纸张按尺寸可分为A和B两类。

A类就是我们通常说的大度纸,整张纸的尺寸是889mm×1194mm,可裁切A1(大对开,570mm×840mm)、A2(大四开,420mm×570mm)、A3(大八开,285mm×420mm)、A4(大十六开,210mm×285mm)、A5(大三十二开,142.5mm×210mm)。

B类就是我们通常说的正度纸,整张纸的尺寸是787mm×1092mm,可裁切B1(正对开,520mm×740mm)、B2(正四开,370mm×520mm)、B3(正八开,260mm×370mm)、B4(正十六开,185mm×260mm)、B5(正三十二开,130mm×185mm)(见表3-1)。

表 3-1　大度纸和正度纸的尺寸图　　　　　　　　　　　　　　　单位：mm

开　　度	大度开切（毛尺寸）	成品（净尺寸）	正度（毛尺寸）	成品（净尺寸）
全开	1194×889	1160×860	1092×787	1060×760
对开	889×597	860×580	787×546	760×530
长对开	1194×444.5	1160×430	1092×393.5	1060×375
三开	889×398	860×350	787×364	760×345
丁字三开	749.5×444.5	720×430	698.5×393.5	680×375
四开	597×444.5	580×430	546×393.5	530×375
长四开	298.5×88.9	285×860	787×273	760×260
五开	380×480	355×460	330×450	305×430
六开	398×44.5	370×430	364×393.5	345×375
八开	444.5×298.5	430×285	393.5×273	375×260
九开	296.3×398	280×390	262.3×364	240×350
十二开	298.5×296.3	285×280	273×262.3	260×250
十六开	298.5×222.25	285×210	273×262.3	260×185
十八开	199×296.3	180×280	136.5×262.3	120×250
二十开	222.5×238	270×160	273×157.4	260×40
二十四开	222.5×199	210×185	196.75×182	185×170
二十八开	298.5×127	280×110	273×112.4	1260×100
三十二开	222.5×149.25	210×140	196.75×136.5	185×130
六十四开	149.25×111.12	130×100	136.5×98.37	120×80

3.1.3　纸张的开切方法

　　书籍合适的开本多种多样，有的需要大开本，有的需要正规开本，有的需要不规则形开本。不同的需求可以通过纸张的开切方法上得到解决途径。纸张的开切方法大致可以分为：几何开切法（图 3-1 和图 3-2）、非几何开切法和特殊开切法。最常见的是几何开切法，以 2、4、8、16、32、64、128 等几何级数来开切，这种方法纸张的利用率较高。由于可用机器折页，所以印刷和装订都很方便。直线开切法，依照纸张的纵向和横向，以直线开切，但不能实现完全用机器折页（图 3-3）。特殊的开切方法是纵横混合开切，纸张的纵向和横向不能沿直线开切，不利于印刷操作。畸形开本是指由于全开纸或者对开纸的尺寸不能被完全开尽而致。

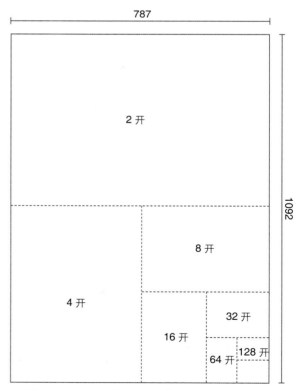

⬆ 图3-1　纸张的几何切割方式（单位：mm）

787

1092

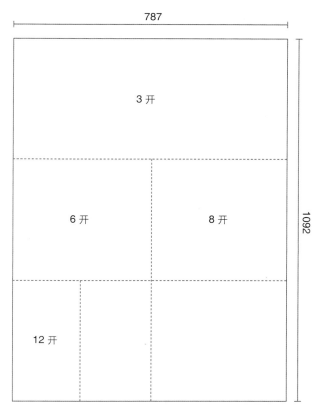

3 开

6 开

8 开

12 开

🔼 图3-2　纸张的几何切割方式（单位：mm）

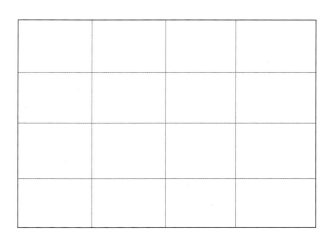

🔼 图3-3　正开法直线切割方式

3.2　书籍的开本设计

　　开本的确定除了纸张的因素以外，还可根据书籍的性质、内容、读者对象、书的定价来决定（如图 3-4～图 3-6）。

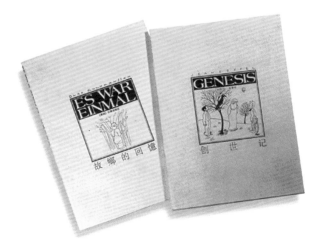

🔼 图3-4　《故乡的回忆》和《创世记》（第四届全国书籍装帧艺术展览/冯忆南设计/江苏美术出版社）

🔼 图3-5　《日本设计师山本耀司（YOHJI YAMAMO-TO）》（Ligaya Salazar著/ V & A Publishing出版社/时尚杂志类）

🔼 图3-6　罗兰·巴特（Roland Barthes）（《哀悼日记》/商周出版/文学小说）

3.2.1 书籍的性质和内容

书籍单从内容上可分类为：哲学、经济、政治、社会、科学、艺术、人文、农业、地理、工具书等。就目前的现状来看，32开和16开本以理论著作和教材类的书籍居多，较易于阅读。小说、诗歌、散文一般多采用32开、36开和48开，较容易携带。画册、画报和图片较多的书籍，采用16开、大16开或8开，便于构图上编排。字典、辞海等工具书一般以32开、大32开、64开本。

3.2.2 读者对象和书的价格

由于读者年龄、职业等差异，对于书本的开本要求也不一样，如儿童多喜好图像、插图类的书籍，故图文编排的版式对于开本的要求也会大一些；再如工具类书籍多以查询为目的，开本的设计也会相对小一些；而设计类的书籍也多同于作品类，故对于开本、印刷质量也都有不同的要求。

3.3 书籍的装订形式

书籍设计前首先要确定书籍设计的开本及装订形式。确定合适的装订形式是整本书籍的灵魂所在。书籍的装订形式一般可分为平装、精装、活页装和散装四类。装订是书籍设计的整体成型过程。装订经历的发展过程有：简册装、锦帛装、卷轴装、经折装、蝴蝶装、包背装、线装。随着印刷术的发明及与西式装订风格的借鉴，现代书籍装帧的方式多数采用平装和精装两种风格。

3.3.1 平装装订

平装是目前普遍采用的一种装订形式。装订方法简易，成本比较低廉，不用于期刊和较薄但印数较大的书籍，平装的形式是最常见的装订方法之一。

平装装订的形式有：骑马订、平订、锁线订、无线胶装等。

1. 骑马订

骑马订装：书页用套配法配齐后，加上封面套合成一个整帖，用铁丝从书籍折缝处穿进，将其锁牢，把书帖装订成本，采用这种方法装订时，需将书帖摊平，搭骑在订书三脚架上。骑马订装是书籍装帧中最简单的装订方式，加工速度较快，能平摊开来。但书籍的牢固度不够，适合页数少的书籍。骑马订装可简单分为：单面骑马订装订和双面骑马订装订（图3-7）。

（a）骑马订装订

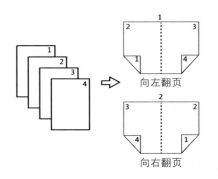

（b）单面骑马订装订

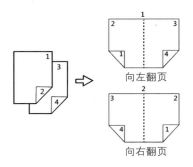

（c）双面骑马订装订

⬆ 图3-7 骑马订装及装订形式

2. 平订

平订是先把内页用缝纫线或铁丝订先订成书芯，然后外包封面，裁切成型。其优点是经久耐用，缺点是不能完全平摊，且内页的预留空间较大（图 3-8）。

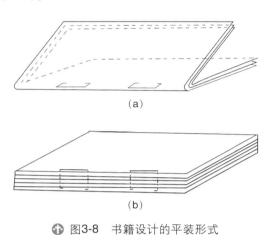

(a)

(b)

⬆ 图3-8　书籍设计的平装形式

3. 锁线订

锁线订是从书籍的背脊做折缝处理，将书页互锁，再经贴纱布、压平、胶背、封面，剪切成型。锁线订相对比较牢固，易于平摊，可用于页数较多的书籍（图 3-9 和图 3-10）。

⬆ 图3-9　锁线订，简易的图形配上淡雅的色彩，此形式易于展开平摊，方便阅读

4. 无线胶装

无线胶订是指不用线或订，而只用胶水来黏合书页的装订形式。优点：不占用书籍的有效版面空间，成本较低，无论书页的厚薄、幅面大小都可用此种方法操作。缺点：易脱胶散落（图 3-11）。

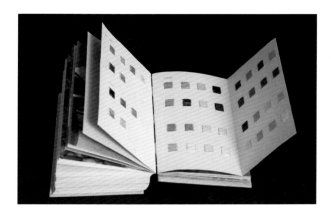

⬆ 图3-10　平装装订形式——部分线装

⬆ 图3-11　无线胶装，清新的设计完全把书籍之内容语化于封面，字体设计及色彩的搭配颇有趣味性

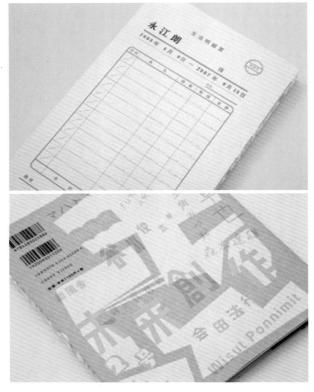

↑ 图 3-11（续）

↑ 图3-12 封套设计与内页互动，色彩新颖

3.3.2 精装装订

精装书籍比平装书籍精美耐用，多用于需要长期保存的经典著作、精印画册等贵重书籍和经常翻阅的工具书籍，在材料和装订上都要比平装书籍讲究些（图3-12）。精装与平装的不同之处，除了书芯一般都用锁线订或胶背订外，主要的区别是在封面的用料和制作上。精装的封面有软和硬两种。硬封面是把纸张、织物等材料表糊在硬纸板上制成，适宜于放在桌上阅读的大型和中型开本的书籍（图3-13）。软封面是用有韧性的牛皮纸、白板纸或薄纸板代替硬纸板（图3-14），轻柔的封面使人有舒适感，适用于随身携带的中型本和袖珍本，例如字典、工具书和文艺书籍等。书脊有圆脊和平脊两种。圆脊是精装书籍常见的形式，其脊面呈月牙状，以略带一点垂直的弧形为好，一般用牛皮纸或白板纸做书脊的里环衬，有柔软、饱满和典雅的感觉，尤其薄本书采用圆脊能增加厚度感（图3-15）。平脊用硬纸板做书脊的里环衬，封面也大多为硬封面，整个书

↑ 图3-13 特殊纸张的选择会为书籍装帧带来一番风味，独显其设计风格。封套形式简洁，与封面字体设计形成视觉上的反差，对比协调

籍的形体平整、朴实、挺拔。堵头布和布带或丝带，也是精装书籍的附属物。堵头布是一种有厚边的扁带（图3-16），粘贴在书心外边的顶部和底部，用于装饰书籍和书页间的连接，而布带多用于书签（图3-17），近年来对于书签的设计也较精细到位。另外，关于读物的宣传物品附属物设计可分为宣传海报、赠品等（图3-18）。

图3-14 *The Geometry of Pasta*（Caz Hildebrand，Jacob Kenedy著/ Quirk Books出版社）

图3-15 《杂食者的两难》（原作名: *The Omnivore's Dilemma: A Natural History of Four Meals*/Michael Pollan著/邓子衿译/大家出版社）

图3-16 堵头布设计风格现代，简洁而不失大气，为整本书籍增添灵动色彩

图3-17 书签设计（*Shelly Verthime*/Dangin Pascal 著/Steidl出版社）书签设计与书籍整体相结合，在书脊形成设计结构，富有趣味性

图3-18 勒口设计形式特别，设计感现代。书籍附属物设计印刷工艺独特，为整本书籍的设计增添色彩

3.3.3 活页装订

活页装适用于需要经常抽出来，补充进去或更换使用的出版物，其装订方法常见的有穿孔结带活页装和螺旋活页装，常用于产品样本、目录和日历等（图 3-19 ～图 3-24）。

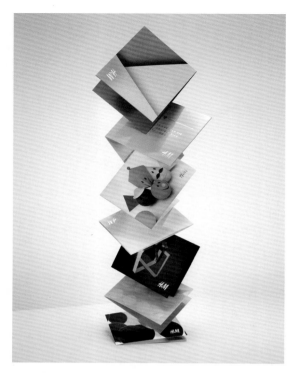

⬆ 图3-19　活页装订形式一——2012秋冬（H&M宣传册，节奏明快，与季度设计理念相一致）

⬆ 图3-21　活页装订形式三——镂空式

⬆ 图3-20　活页装订形式二——经折式（经折式是画册设计形式常用形式之一，方便阅读、携带，编排连贯性强）

⬆ 图3-22　活页装订形式四——特殊材质

⬆ 图3-23　活页装订形式五——护封式

🔼 图3-24　活页装订形式六——抽取镂空式（镂空设计在本书设计当中的应用使得书籍脱离了以往的乏味，书籍的层次感更强，加上图形文字的结合，让读者不断感受到书籍丰富的层次带给他们的乐趣和惊喜）

3.3.4　散装装订

散装是把零散的印刷品切齐后，用封袋、纸夹或盒子装订起来，一般只适用于每张能独立构成一个内容的单幅出版物,例如造型艺术作品、摄影图片、教学图片、地图、统计图表等。装订形式的选择要从书籍的具体要求和工艺材料出发,顾及到成本和读者的方便,力求做到艺术和技术的统一,并归入到书籍的整体设计之中(图3-25~图3-28)。

✚ 图3-25　散装装订形式一 ——盒子式

✚ 图3-26　散装装订形式二 ——袋子式

✚ 图3-27　散装装订形式三——封套式

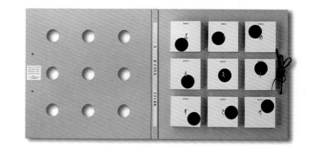

✚ 图3-28　散装装订形式四——整体与个体统一式

3.3.5　特殊装订

随着个性化时代的来临,某些书籍会出现较特殊材质以及装订方式,特殊的装订不仅局限于装订的手法,也可定义在封面、书脊、内页等处的特殊运用。这些书籍的特点是受众少、销量小、个性化、边缘化,视觉冲击力较强。装订手法采用的是将线装、胶装、雕刻、浇铸等混合的纯手工创作的结合体,材质也不仅局限于纸张,品种可选择性更加广泛,如:特殊纸张、布艺、塑料、木头、金属、玻璃、光束等(图3-29~图3-37)。

⬆ 图3-29 特殊装订形式一（餐巾纸质感配合手写文
字，带有一定的肌理质感，小资味颇浓）

⬆ 图3-30 特殊装订形式二（布艺手工设计类的书籍，
书籍的触觉体验）

⬆ 图3-31 特殊装订形式三（观察—想象—展示，手工
设计类的书籍启动你的"可视化思维"）

⬆ 图3-32 特殊装订形式四

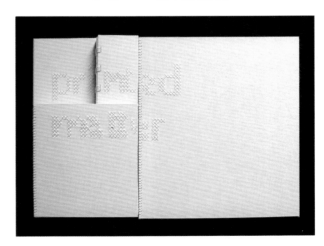

⬆ 图3-33 特殊装订形式五（手工缝制是近年来较有个
性的表现手法，为书籍增添视觉看点）

⬆ 图3-34 特殊装订形式六（凹凸烫印的技术令整本书具有一定分量感，金属肌理与封面的纯白色相得益彰，对比不失协调）

⬆ 图3-35 特殊装订形式七（特殊装订一般采用两种途径，即"因材施艺"和"因艺施材"，设计师需要平时多注意观察和搜集各种制作材料，了解和熟悉材料属性和成型种类）

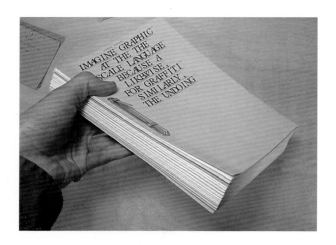 

⬆ 图3-36 特殊装订形式八

⬆ 图3-37 特殊装订形式九（字形与书籍开本相结合式，独具艺术感，此种设计方式多适用于设计类、艺术类书籍设计）

 思考与练习

讨论题：

1. 简述全开纸的概念及开切方法应用。

2. 简述书籍的内容、性质、开本、装订形式之间的关系。

作品创作： 概念书籍与多种特殊装订手法设计练习，探索新兴材料的应用，建议以效果图为参考表现手段。

第4章
书籍设计的构成元素

4.1 外部元素

4.1.1 封面

　　广义的封面概念包括前封面、封底、书脊、前勒口和后勒口。狭义的封面就是指书籍平放时的正面部分，这里称为前封面。

　　前封面又被称为书面、封皮、封一等，内容包括书名、著（译）作者姓名、出版社名称以及与图书内容相关的图片和文字等。

　　封底也称封四。封底是封面的延续，封底构成元素包括书号、ISBN条码、条形码、定价、内容简介、评论等。

　　封里也称封二、里封。即封面纸朝书芯的一面，一般为空白。

　　封底里也称封三、里封。即封底纸朝书芯的一面，一般为空白。

　　书脊又称为书背、封脊、背脊等，是封面和封底的连接处，是书籍成为立体形态的关键部位。书脊上印有书名、册次（卷、集）、著（译）作者姓名、出版社名称。精装书的书脊还可以设计装饰图案。书脊设计应该遵循简洁明了的原则，以便于读者查找（图4-1）。

　　勒口是指封面和封底外切口处向里折转的延长部分。前封面翻口处称为前勒口，封底翻口处称为后勒口。勒口主要起到保护书芯和防止前封面、封底纸张卷曲的作用。以往精装书多采用勒口结构，现在平装书中也常出现勒口来增加书籍的美感。设定勒口尺寸时，宽度一般不少于30mm，以前封面、封底宽度的1/3或1/2为宜。勒口在设计时也可以和前封面、封底形成统一的整体设计，这样在装订时，如果出现了书脊宽度变化等尺寸上的变数，勒口的宽度也可以灵活地随之改变。前勒口通常印有这本书的内容简介或简短的评论。后勒口可以印有作者的简历和肖像，也可以印上作者的其他著作。同时勒口也可以成为出版社宣传其他书籍特别是这本书同系列书籍的位置。当然，勒口可以根据书籍设计的需要灵活调整具体内容，也可以不放置任何内容。

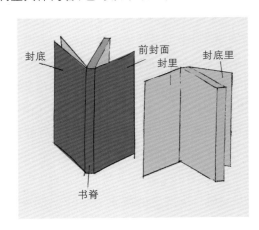

🟊 图4-1　书籍名称示意图一

　　订口：书籍装订的一边称为订口。

　　切口：书籍除了订口以外的另外三边称为切口。不带勒口的封面要注意三边切口在设计时应该各留出3mm的出血线，以防止印刷装订裁切时产生误差而露出纸边。

　　飘口：它是指精装书籍书函大出书芯的部分。三面飘口一般情况为3mm，也可以根据书籍开本大小增大或缩小。飘口的作用是保护书芯，使书籍外形更加美观（图4-2）。

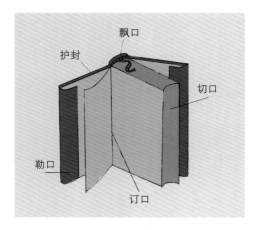

图4-2　书籍名称示意图二

　　封面是书籍的重要组成部分，它既是书籍内容的诉说者，也是书籍的保护者和促进销售的宣传者。封面设计的原则是遵循反映整本书内容的"大思想"，准确传达出特定的气氛。封面设计是书籍整体设计非常重要的一部分，前封面、封底、书脊、前勒口和后勒口在视觉上具有连续性，其中有平面关系，也有立体的关系。如果是封面的外面带有护封的书籍，封面设计可以相对简单一些。

　　封面是富于视觉表述的书籍面孔，它占据了书籍第一形象的重要位置，肩负着说明书籍内容的双重任务。读者选择书籍是通过书籍封面传达的信息为第一依据，书名、著作者、出版社以及封面字体、色彩、图形等设计手段所营造出的书籍氛围，直接引导着读者的购买行为。在设计封面的时候我们应该注意与书稿内容的融合，与读者的交融，以及封面设计的广告性与封面设计的材料、印刷工艺的选择（图4-3～图4-9）。

图4-3　《敬人书籍设计2号》（封面设计采用厚纸板，大红色中间镂空的结构增加了书籍的空间感。硫酸纸护封使书籍充满了朦胧美，内敛了红色的激情）

图4-4　书籍的两部分内容以打孔圈装和锁线胶装两种不同的装订方式呈现

图4-5　《人皆英雄Ⅱ》（封面采用烫兰金工艺印制人物剪影，视觉效果强烈，绿色与红色互补对比吸引人的眼球）

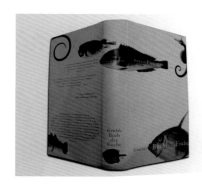

图4-6　封面、书脊和封底设计风格整体感强

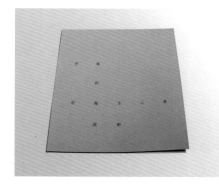

图4-7　封面看似简洁，却在文字笔画上设计细微的调整，表现手法细腻

🔼 图4-8　封面设计时尚简洁，烫银结合磨砂工艺，应用得体

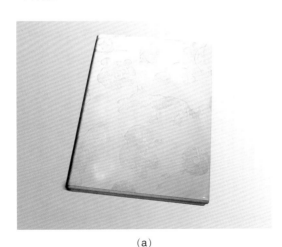

（a）

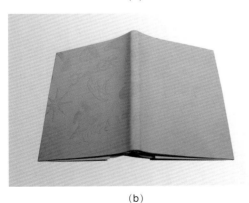

（b）

🔼 图4-9　封面设计整体感强，透明塑料印制白色图案含蓄内敛，创意感十足

4.1.2　腰封

腰封又称环套、封腰等，一般包裹在书籍封面或者护封的腰部。腰封高度一般为 5cm 左右，也可以根据书籍开本及设计要求灵活调整尺寸。腰封的主要内容是书籍的补充说明或促销性的文字，例如这本书的作者获得了文学奖或被拍成电影等，同时也对书籍的艺术感起到了增强的作用（图 4-10～图 4-12）。

🔼 图4-10　红色封面搭配红色腰封，设计手法大胆创新，具有良好的视觉效果

（a）

🔼 图4-11　《怀珠雅集》（腰封采用特种花纹纸，搭配瓦楞纸书函，材质对比强烈。麻绳、线装装订及色彩的运用使书籍设计充满古典韵味）

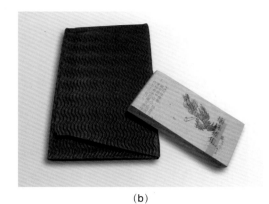

(b)

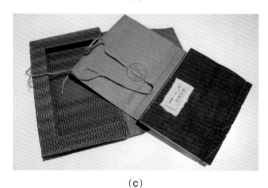

(c)

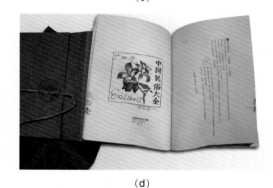

(d)

☝ 图 4-11（续）

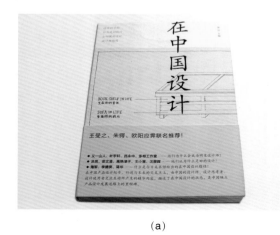

(a)

☝ 图4-12 腰封与封面上对应的位置采用同样的色彩，具有视觉连贯性，手法较为新颖

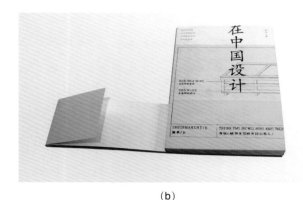

(b)

☝ 图 4-12（续）

4.1.3 护封

护封又称为封套、包封、护书纸、护封纸等，是包在封面外面的另一张外封面。护封的组成部分包括书前封、书脊、书后封、勒口。护封有保护封面和装饰的作用，可以增强艺术感，保护书籍免受污损，因此应该选用艺术感较强、质量较好的纸张。另外护封也有促销的功能，可以让读者了解这本书的主题和内容。通常有护封的书籍其内部的封面设计相对就会简单些（图 4-13）。

(a)

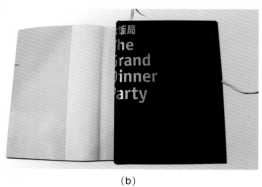

(b)

☝ 图4-13 护封尺寸较大，对于里面的硬皮封面起到很好的保护作用

4.1.4　书函

书函又称为函套、书盒、书套、书帙、书壳、书衣等，是包装书籍的壳、套、盒的统称。书函通常用来放置比较精致的书籍，以及丛书或多卷集书。它的主要功能是保护书籍，使其便于携带、馈赠和收藏。由于书函的材料丰富多样，结构形式千姿百态，因此非常有助于提升书籍的整体感和艺术感（图4-14～图4-16）。

(a)

(b)

↑ 图4-14　《金中都遗珍》（书函设计非常人性化。设计师为了解决很多书函太紧不容易将书籍取出的问题，试验性地将书函采用纸板与皮革两种材质，需要取出书籍时只要将纸板向下推，皮革部分就会自然地压扁，使书函的高度降低，从而可以轻松地将书籍取出）

(c)

(d)

↑ 图　4-14（续）

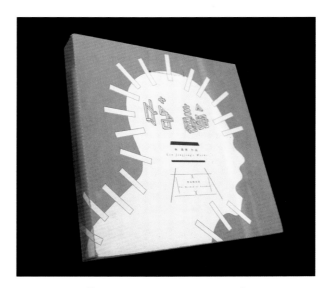

↑ 图4-15　包装盒式书函设计

(a)

(b)

(c)

(d)

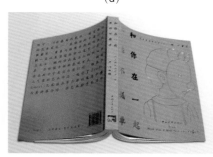

(e)

🔼 图4-16　书函与封面设计大胆地采用相同的版式设计，分别采用烫白和烫银印刷工艺，不同角度下烫银反射出不同的色彩效果丰富了视觉层次感

4.2　内 部 元 素

4.2.1　环衬

精装书封面与书芯之间，有一张对折连页纸，贴牢书芯的订口和封面的背后，这张纸称之为蝴蝶页，也叫做环衬。蝴蝶页的后面可以添加几张特种纸或有色纸作为环衬，在封面和书芯之间起过渡作用。我们把在书芯前的环衬页叫前环衬，书芯后的环衬页叫后环衬。蝴蝶页把书芯和封面连接起来，增强了书籍的牢固性，具有保护书籍的功能。根据实际情况也可以用来题字、签名等。环衬是书籍整体设计的一部分，色彩的明暗和强弱、构图的繁复和简单，应该与护封、封面、扉页、正文等的设计一致，并要求有节奏感。一般书籍前环衬和后环衬的设计是相同的，也就是画面和色彩都是一样的，但也可以根据内容的需要设计不同风格的前后环衬（图4-17和图4-18）。

(a)

(b)

🔼 图4-17　《寂寞岛屿》（蝴蝶页印制图案，既具有创意，又起到了固定书籍的作用）

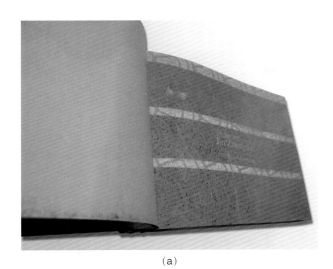

(a)

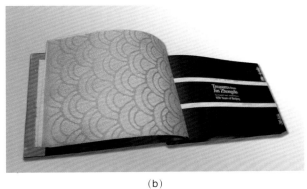

(b)

⬆ 图4-18　选用特殊花纹纸作为环衬页，起过渡作用并且增添了书籍的艺术感

4.2.2　扉页

　　扉页也称为书名页、内封、副封面。在封面或前环衬的后面，有保护正文、重现封面的作用。翻开扉页，就像是打开书籍的门一样进入正文部分。扉页的基本构成元素是书名、著（译）作者姓名和出版社。扉页设计不能脱离书籍设计的整体关系，不宜烦琐，避免与封面产生重叠的感觉。其编排形式应当与封面的风格一致，但又要有所区别。一般扉页设计常以对称方式编排，也有以点缀式小图插排于扉页中或将插图与文字相结合构成扉页的形式。字体的选择以简洁明快为主，不宜过于繁杂而缺乏统一和秩序感。色彩对比不宜强烈，以接近正文的黑白色为主调，一般不超过两色，目的是使读者心理逐渐平静下来并进入正文阅读状态。这是从色彩

到黑白的过渡，也是视觉心理诱导的过程（图4-19和图4-20）。当然扉页设计也要根据不同的书籍内容灵活运用，比如少年儿童读物应该根据其读者年龄、生理、心理的特点，设计时更侧重于色彩的表现力，色彩、黑白的对比度都较强烈。

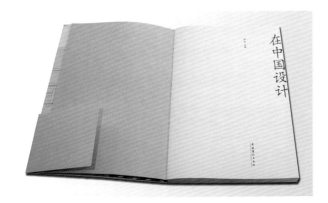

⬆ 图4-19　简洁风格的扉页设计

⬆ 图4-20　构成感较强的扉页设计

4.2.3　版权页

　　版权页设置在扉页的后面，也有的设置在书籍的最后一页。内容一般包括图书在版编目（CIP）数据、书名、丛书名、编者、著者、译者、出版发行者的名称及地点、印刷者、开本、印张、字数、出版时间、版次、印次、印数、国家统一书号和定价等。版权页是国家出版主管部门检查出版计划情况的统计资料，具有版权法律意义。版权页的版式没有定式，大多数图书版权页的字号小于正文字号，版面设计简洁（图 4-21 和图4-22）。

43

⬆ 图4-21　版权页置于扉页前面

⬆ 图4-22　版权页印制荧光红重复页面信息，不经意的重叠使版权页充满了趣味性和设计感

4.2.4　序言

序言是指著作者或他人为阐明撰写该书的意义而附在正文之前的短文。也有附在书尾后面的，称之为后语页或后记、跋、编后语等。不论什么名称，其作用都是向读者交代出书的意图、编著的经过，强调重要的观点或感谢参与工作的人等（图4-23和图4-24）。

⬆ 图4-23　较为规整的序言页版式设计

⬆ 图4-24　与书籍整体设计风格相吻合的自由版式设计

4.2.5　目录

目录又叫目次，是全书内容的集中体现。它摘录全书各章节标题，表示全书结构层次，以方便读者检索和快速阅览内容。目录中标题层次较多时，可用不同字体、字号、色彩及逐级缩格等方法来加以区别，设计要条理分明。目录页通常放在扉页或前言的后面，正文的前面（图4-25和图4-26）。

(a)

(b)

⬆ 图4-25　色块、图片和文字同时呈现在目录上，图文并茂、清晰明了

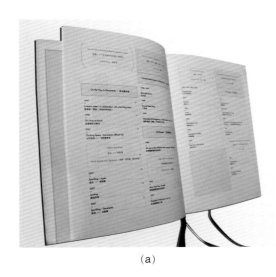

(a)

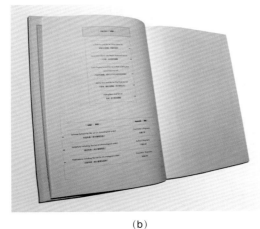

(b)

⊕ 图4-26　纤细的线条、灵动的图标使目录页生动活泼、丰富、细腻的设计语言非常具有创意

4.2.6　章节页

章节页插附于书籍的章节之间，有承上启下的作用。设计要单纯明了、导向性强（图4-27）。

4.2.7　后续页

后续页是指罗列书籍信息的各种页面，通常放在正文之后，其字号比正文文字小。包括参考文献页、后记页、地名索引页、人名索引页等。参考文献页是标出与正文有关的文章、书目、文件并加以注明的专页。后记页多用以说明写作经过，或评价内容等，又称跋或书后（图4-28）。

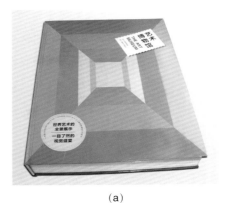

(a)

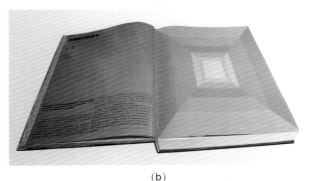

(b)

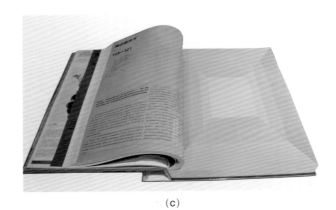

(c)

⊕ 图4-27　章节页与封面的图案一致，使书籍具有较强的整体感，选用不同的色调以区别不同的章节

⊕ 图4-28　地名与人名索引页

书籍设计的常规构成包括外部元素和内部元素的各个部分，然而在设计中可以根据创意主题和内容题材灵活地设计书籍的各个部分，既遵循原则又不墨守成规，大胆创新。《未来》是一本设计感十足的书籍，设计师将封面和腰封结合在一起，采用包书皮的结构将书籍包裹在其中，单独取下来展开后又成为一张独立的海报。内页设计选用不同的纸张表现不同的内容，构思巧妙独具匠心（图4-29）。

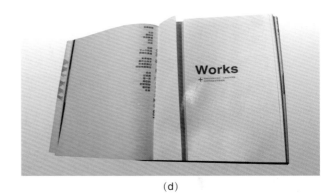

(d)

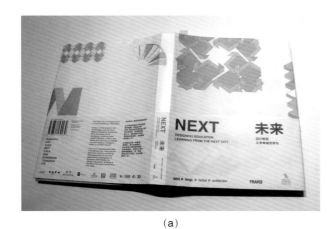

(a)

(e)

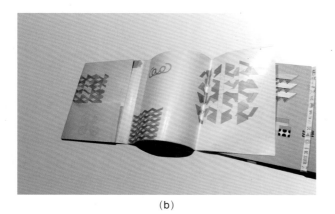

(b)

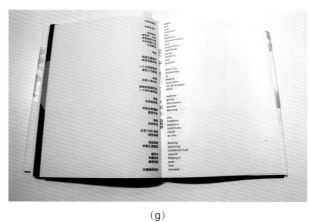

(f)

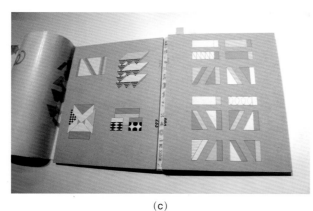

(c)

(g)

图4-29　内页设计

图　4-29（续）

思考与练习

　　讨论题：

　　1. 简述书籍封面的概念和作用。

　　2. 简述书籍构成元素与书籍性质的关系。

　　作品创作： 自选主题书籍设计，手法、材料、开本、装订形式自选，要求排版符合形式美法则、视角独特，选题新颖且富有创意，作品完整精致。需提交书籍实物。

第5章
书籍版式设计

　　版式设计是现代艺术的重要组成部分，是视觉传达的重要手段。其宗旨是在版面上将文字字体、图形符号、色彩等有限的视觉元素进行有机的排版组合，通过整体形成的视觉感染力与冲击力、次序感、节奏感，将其要表达的想法有针对性地表现，使其成为最佳的传播媒介，以合理的布局展现其内容的可传阅性。书籍的版面是由纸材、文字、图像等基本元素组成的一个具有视觉美感的设计整体。"美感"随时代应运而生，设计师在掌握信息内容以及理性的整理后的创作，需要充分了解信息传达的手段——构成书籍形成的四要素，即文字、图形、色彩、秩序（图5-1）。

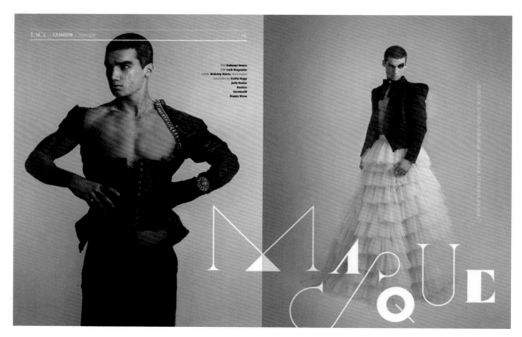

🔺 图5-1　图文编排版式设计

5.1　版式设计的概念

　　版面设计，英文 layout，意为在一个平面上展开和调度。版式设计是现代艺术设计的重要组成部分，被广泛地运用于报纸、报刊、广告，是视觉传达的重要手段。书籍设计中的版式设计是在指定的开本、纸张上对书稿的文字、图形、结构进行设计，以此方便阅读者阅览和增加书籍的美感。版式设计也是书籍设计的重要部分（图5-2和图5-3）。

（a）

（b）

✚ 图5-2　图文编排版式设计

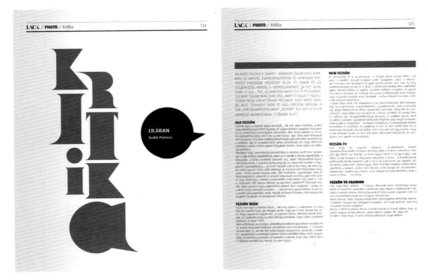

✚ 图5-3　文字版式编排

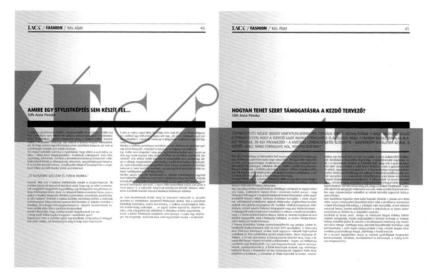

⬆ 图　5-3（续）

5.2　书籍版式设计的基本流程

5.1.1　版心

　　版心，即每页版面正中的位置，又叫节口。版心在页面四周上留有空白的地方，叫周空。上方周空称为天头，下方称为地脚，靠订线位置的是内白边，相反是外白边（翻口）。这种对称性的版心设计是经典的版式设计之一，其格局、模式相对较平稳。

　　在书籍的版式设计中，周空设计是向版面注入生机的一种有效表现手段。一般书刊版心在版面上的位置是左右居中略偏下，即天头略大于地脚（一般比例为 1.4∶1）。这样版面比例关系较匀称，方便阅读。版心的大小，要根据书刊的性质、内容、种类和既定开本来选择确定（图5-4 和图5-5）。

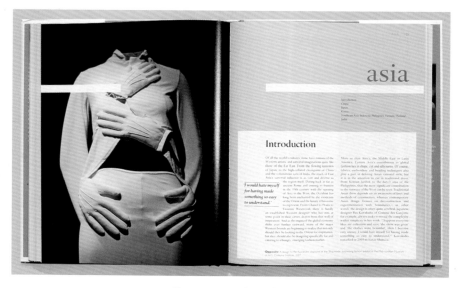

⬆ 图5-4　版心设计一

⊕ 图5-5　版心设计二

5.1.2　排列方式

　　版式设计是指对书籍原稿进行结构、层次、节奏、图表等技术方面的处理,使书籍的开本、装帧、封面等形式协调,达到其传达的目的。版式设计中的字体、图形设计都能体现出设计者的设计风格及特性。求新是贯穿书籍装帧设计的一个要点。在设计的过程中还要注意形式美的规律,如对比、层次、均衡、变化和统一等手法的综合运用。

　　正文字体有两种排列方式:横排和纵排。目前绝大多数的书籍采用横排的排列方式,即文字自左向右,行序自上而下。这种排列方式较适合也方便阅读。按照阅读的习惯,字行的长度一般不超过 80 ~ 105mm,有插图或其他图形符号时,最好采用双栏或多栏的排列方式。其他基本的编排形式还有左右对齐、中央对齐、左对齐、右对齐、自由格式等(图 5-6 和图 5-7)。

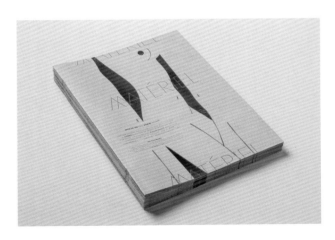

⊕ 图5-6　版式设计——标题居中对齐

⊕ 图5-7　版式设计——右对齐

　　随着个性化、快节奏生活的到来,极简风格的排列方式也日趋风靡(图 5-8 ~ 图 5-18)。

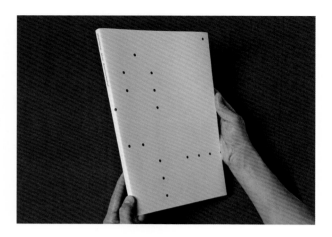

⬆ 图5-8 简洁书籍中的点、线、面构成设计一

⬆ 图5-9 简洁书籍中的点、线、面构成设计二

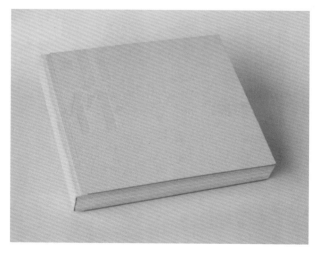

⬆ 图5-10 凹印，宋体，胶装装订，纯色封面，"极简风"来袭

⬆ 图5-11 极简风格套系设计，合理地运用阿拉伯数字，大气简约，特殊的印刷工艺为设计增添提神之笔

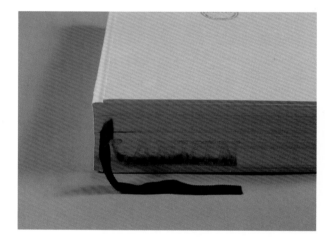

⬆ 图5-12 《LANVIN年鉴》（Shelly / Dangin Pascal (eds.)著 / Verthime/Steidl出版社/ 2012/页数: 704）

⬆ 图5-13 Louis Vuitton-Marc Jacobs（Golbin Pamela 著/2012/页数：300）时尚简洁，烫金字体简雅而不失奢侈品之味

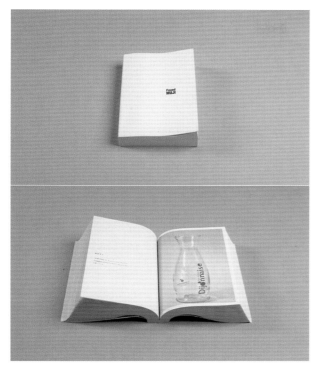

图5-17 《死后的四十种生活》，副标题：Forty Tales from the Afterlives (Chinese Edition)（David Eagleman著/郭宝莲译/小异出版社/页数: 200）

图5-14 *MUJI*（Chen Jiaojiao著/ Southbank Publishing出版社/页数: 240）

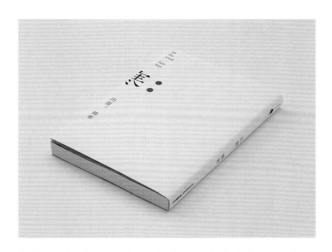

图5-18 版式设计——极简书籍设计（《出发》/韩寒著/新经典图文传播有限公司/页数: 336）

图5-15 《乳与卵ヘヴン》（川上未映子著/讲谈出版社/页数:258）

5.3 选择和使用字体

图5-16 简洁书籍中符号应用设计

在我们日常生活中,好的书籍装帧设计不仅为我们带来了文化知识和信息,同时也创造了一种优雅的氛围。文字和图片的有效构成是装帧设计的基本形式手段,其中对文字的处理是一项重要的工作。在书籍装帧设计中,文字既是内容又是形式。它可根据文本内容设计出具有鲜明视觉个性形象的字体,使书的内涵得到凝聚与浓缩。

人类最早的文字包括：苏美尔人的楔形文字,

埃及的象形文字,中国人的象形、会意及会意和仿音结合文字这三种基本的类型。字体设计按照文字的字形来分大致可以分为两类:一是汉字,二是拉丁字母。两者在设计时都要遵循其识别性和艺术性的设计原则。

5.3.1 发挥字体的内在潜力

在字体的选择方面,中文常用的字体为:宋体、仿宋体、黑体、楷书四种,草书、隶书、篆书、装饰字体也是作为创作的设计元素;拉丁字母常用字体有:老罗马体、现代罗马体、无装饰线体、歌德体等。无论是汉字、阿拉伯字还是拉丁字母字体,设计者都要遵循其基本结构以及设计规律,才能创作出最佳视觉效果的字体设计。

1.内文、标题、标注、页码等整体的秩序化运筹

以汉字来讲,如宋体字形方正,笔画横细竖粗,横和竖的转角处都有钝角,多用于文章和书刊排版的正文(内文);黑体字画粗细基本相等,方头方尾,转角处不留钝角,多用于标题、书名以及需要强调的文字;楷体字以横平竖直为原则,笔画粗细适中,一般用于标题字和儿童读物;仿宋字体横竖画相差甚微,起落都有钝角,横画略有上翘,较宋体字显得秀丽活泼,多用于诗歌的排版;草书、篆书用于字体图形化设计显得更具有说服力。

随着数字媒体的运用,计算机字库也是创作设计可选择的角色之一。笔者在教学过程当中遇到这样一些情况,部分学生会直接把字库文字不加修改便"拿以致用",因其字形不能适应所有的编排,故造成整体的编排及设计风格失衡,不伦不类,更有甚者将字体不按比例随意地拉长或缩短,这些在字体设计的表现技法中都是非常忌讳的表现手段。无论是原创字体还是字库自带字体都要吻合整体的设计风格,标题字体中涉及细小笔画的转换、涉及度的把握更是重中之重。

标注是对正文中某一名词、某一句、某一段文字所加的解释。

(1)夹注

夹注排在正文的中间,紧接在被解释的正文后面。前后加排括号或者破折号进行解释。

(2)脚注

脚注排在版心正文下方的位置,既使版面显得较完整,又便于阅读者检阅。

(3)文后注

在书籍中所有的注文用连续的数字标出,在正文的后面集中顺序地进行解释。

页码是指封面、环衬、书心中标示内容位置的一种符号。页码的功能除了能精确地定位页面位置外,精彩的页码设计还可起到画龙点睛、调节全书气氛之作用。其字体设计在许多书籍设计中都表现得尤为突出,将其装饰性作为重点表现之处。页码的标注位置可以在页眉、页脚或较特殊的位置,也应遵循着变化统一的设计原则(图5-19和图5-20)。

⬆ 图5-19　字体设计——页码(阿拉伯数字设计)

⬆ 图5-20　页码字体设计所形成的面积感及视觉秩序

2．字体、字号、字距、行距的运用

书籍正文的用字大小直接影响版心的容量，字号的大小和页数的多少成正比。汉字字体的大小以 p（磅 pt）为单位，适合阅读的文字一般为 9 ～ 11p，儿童读物一般用 16p。8p 的文字因版面的需求也较常见，但不适合篇幅较长的字体设计。

字距是指文字行中字与字之间的空白距离，行距是指两行文字之间的空白距离。一般图书的字距、行距为默认值的 1.5 倍较合理。拉丁字母大写的行距，一般情况为字高的二分之一；若词句字母较少而安置的空间较大，行距可为字高的三分之二，但最大的不宜超过一个字母的高度，这与汉字的排列有些相似。但创作字体的行距、字距和上述标准稍有区别，不求严同（图 5-21）。

⊕ 图5-21　内页字体设计的大小、行距、肌理效果、体积感设计

3．字体的编排组合变化及导向性

文字的编排类型有：左对齐、右对齐和中间对齐。文字、图形、色彩在版式设计中相互制约，在设计过程中要注意三者的相互协调关系。色彩是书籍版式设计中不可缺少的造型语言，色彩具有很强的符号性和表意性。

色先之于形，在一定的空间和距离范围内，色彩是人的视觉最先感知的，也是形象表面反射光波后在人类视觉系统中引起的感觉。因此，根据书籍不同的内容，结合社会背景和读者心理及渴望，运用相应

的彩色字体可以准确地传达信息，捕捉读者的视线，诱发读者的情感。字体选择（封面设计中需要注意的一个问题）的原则就是字体风格与整体版面的风格、主题内容相一致，设计师要根据书籍整体设计的内容和要求来确定（图 5-22）。准确选择字体，对于书籍的视觉传达有着非常重要的作用（图 5-23 ～ 图 5-27）。

⊕ 图5-22　字体设计——平构形式（原理涉及形态构成、空间肌理、色彩等多方面的因素，将文字可读的信息设计成为图形或形成版面的结构）

图5-23　在封面中的字体编排设计（文字的形态变化和版面的组合方式构成了各种形状和特点，而文字自身的结构含有视觉图形意义）

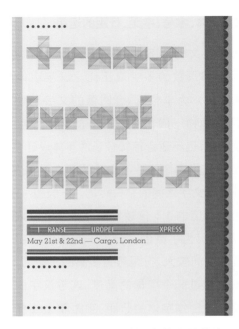

图5-25　文字编排（文字是语言信息的载体，是既有阅读功能，又有视觉特征的符号系统）

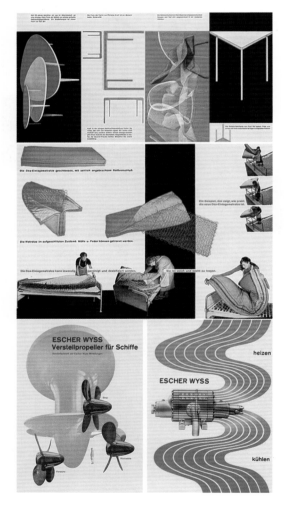

图5-24　图文编排（文字的版式编排是一种艺术创造，它给人的整体感觉最直接，当两个以上的文字相结合，编排就成为字体版式设计中不可缺少的关键环节）

图5-26　文字与材质《zoom in, zoom out 以有机为名》（方信元/2012德国（最美丽的书）/铜奖/田园城市出版）

图5-27　文字、图形、色彩的关系（2006-2012 Neue Architektur in S Dtirol - Architetture Recenti in Alto Adige - New Architecture in South Tyrol / Kunst Meran Merano Arte 著/页数: 352）

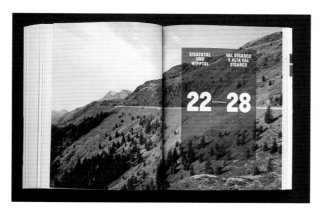

☝ 图 5-27（续）

5.3.2 字体设计的原则及方法

　　字体设计的过程中有两点较为重要：识别性、艺术性。

　　识别性：字体的主要功能是在传达中向大众传递各种信息和表现设计者的设计意图。要使这一功能充分地体现出来就必须考虑字体的整体诉求效果。也就是说设计出来的字体能给人以清晰的视觉印象和视觉美感，要避免复杂、凌乱，要注意其可识别性，使人易认、易懂（图 5-28）。

☝ 图5-28　字体设计的整体诉求

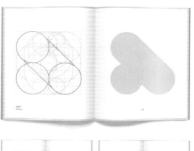

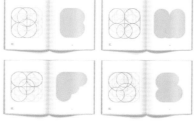

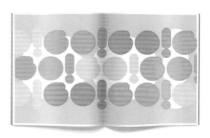

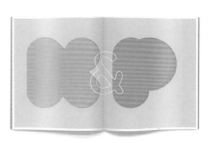

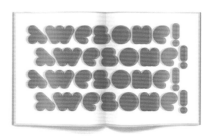

☝ 图　5-28（续）

艺术性:在视觉传达设计过程中,文字与图形一起构成画面的形象要素,它们具有传达情感给人以美感的视觉感受的功能。字体设计时,要掌握好视觉要素的构成规律,通过字形与画面的巧妙组合,有效地吸引人们的注意力,给人们留下美好的印象,从而使设计出来的字体起到传达的意思(图5-29)。

⚓ 图5-29　字体设计的视觉感官传达

字体设计可根据字体的类型来选择笔画的粗细的方法进行结构变化,还可进行:系列设计、正负空间运用、装饰、形状概括、本体装饰、背景装饰、链接装饰、重叠、实心、3D 立体、肌理表现等(图5-30 ～图5-32)。

⚓ 图5-30　字体设计——系列设计

⚓ 图5-31　字体设计——形状概括

⚓ 图5-32　字体设计——肌理表现

5.4　插 图 设 计

插图也称为插画,是插在文字中间用以说明文字内容的图画。我们可以通过插图对文字内容作形象的说明,以加强作品的感染力和书刊版式的活泼性。书籍设计中的插图可简单分为图形、插画和图像三类。

5.4.1　图形设计

图形（Illustration）——一切可视图像的表达。图形是书籍设计中的一个重要部分,图形可以增强读者阅读的趣味性,也可以实现语言表达的视觉形象,帮助读者理解内容。广义的"图形"几乎包括了视觉表现形式中的所有种类,狭义的则单指手工绘制、摄影或印刷而成的符号（图5-33～图5-35）。

⊕　图5-33　文字、图形、色彩的关系

⊕　图5-34　ORKADRE一书的书籍装帧设计（插图是语言艺术向图形艺术转换时所采用的恰当的视觉语言表现形式）

⊕　图5-35　FORUM MAGAZINE的文字、图形编排设计

5.4.2　插画设计中点、线、面、空间的合理运用

1．插画之形式感

插画是书籍装帧总体的一部分,在形式上要求与版面设计相互协调,形成统一的效果。插图是一种造型艺术形式,插图的位置要与文字进行有节奏的编排,从而形成感官上的意识美。插画是视觉化的造型表现,在艺术创作的持续发展过程中,插画艺术发挥了重要的传播作用,插画蕴含着插画创作者的情感和自我个性的宣泄（图5-36）。

⊕　图5-36　插画中线、面构成形式转换设计

2．插画形式与内容的整合

插画艺术属于造型艺术的范畴,但它与纯绘画之间也有区别。从表现形式上看,插画原作一般不

直接与读者见面,而是通过各种媒介传达给读者。插画不能像纯绘画那样随心所欲、有感而发,而必须依据媒体的总体设计来进行创作。插画的形式和内容都发生着变化,首先是手绘制绘画形式铅笔画、钢笔画、水彩笔、国画、油画等都运用到了插画,除此之外,喷绘、摄影、多媒体、3D 等高科技辅助手段更能令人耳目一新(图 5-37 ~ 图 5-39)。点、线、面的构成训练,不但是设计者所必须经过的最有效的训练,也是当代艺术家不可缺少的训练。就外在的概念而言,每一个独立的线或绘画的形式就是一种元素。就内在的概念而言,元素不是形本身,而是活跃在其中的内在张力。因组成的因素不同,面积感也不同(图 5-40)。

⬆ 图5-38 插画表现方式——手绘+多媒体工具

⬆ 图5-37 插画的形式感(Kevin Chupik, American, 1967)

⬆ 图5-39 插画的形式感

⬆ 图5-40　插画的色彩关系——Julie Morstad (CANADA)

5.4.3　图像的多样化、个性化以及图像表达的时空化

　　书籍插画的表现手法非常多,有手绘插画、多媒体插画、木刻插画等。从现代设计的观念来认识,插图是一种视觉传达形式,也是一种信息传播媒体。书籍插图一般是指文学插图与技术插图,文学类插图是指为诗歌、散文、小说、戏剧文学等作品所做的插图;技术性的插图是指用于科技读物及史记科普等插图,易于读者理解书刊内容,补充文字难以表达的潜在含义。两者都能通过写实、抽象、写意的表现手法给不同受众以时空联想、意识延伸。图形和文字虽然传达的是同一个内容,但给人们的感受还是有差异的。文字是需要人们通过联想才能获得主观的形象,图形则是将主观的联想予以形象化从而愉悦人们的视觉（图 5-41 和图 5-42）。

⬆ 图5-41　插画与书籍内容的形式传达,插画除了受书籍内容的限制,书籍的印刷工艺也应考虑到创作构思的过程中。除此,插图的整体设计应全面掌握每个版面的编排方法以及整套插图的构成规律

🕆 图　5-41（续）

🕆 图5-42　图像的时空联想传达

内容是形式的支撑点。图形的概念表达要求三个方面：信（准确的信息），是最基本的要求；雅（典雅），要求译者本身不仅要精通语言，同时在文学修养和艺术的造诣上也要有极高的个人见解和追求；达（达到），是信息要传递到更多层面，要求对两种文字都要非常的精通。当文字或者符号语言需要转换成一个图形语言的时候，作为载体，图形所要承载的主要任务便是建立"信"的功能，那就是图形有没有正确无误地将文字语言能包含的信息完整地传达给读者（图 5-43 和图 5-44）。

5.4.4　图形的视觉传达感

随着表现手法的选择性日益增多，摄影、复印、装置、数码媒介等技术手段的综合运用使得现代书籍的图像、图形生成已不仅仅局限于手绘的方式。照片、三维立体图等表现手法，既丰富了画家的想象空间，也给表现、传达书籍内容提供了多元选择的可能。设计师具有充分把握图像的造型及色彩的判断

MAIN THEME

85

Part D

PATTERNS & SPATTERS

cynically Post-Pop,
and proudly
postmodern.

With its absolute forms
and malleable surfaces,

PROENZA
SCHOULER's
aesthetic is
quintessentially
American,

The American epic feeds on the opposition of the idle horizontality of the prairie with the feverish verticalism of the Manhattan skyline, and on the constant tension between American audacity and European intellectualism. This opposition has found expression in the fashion of Ralph Lauren and Calvin Klein, who were both born and raised in the Bronx, New York: the first looked to the West, examining the lexicon of genuine American style; the second looked east, reinventing the austere character of European tailoring.

The present beacons of American couture, however, do not seem to have fully inherited this legacy. The much-acclaimed Marc Jacobs, lifted into the spotlight by the chatter of the lunching ladies of *Sex and the City*, only fleetingly embodied the dialectic of invention and tradition that is part of the American landscape and populace, today practicing instead a vapid cherry-picking of the wardrobes of wives and moms in an American dreamland. On the other hand, the unprecedented work of the L.A.-based Mulleavy sisters is the product of an "eccentric" context: the creations of Rodarte do not belong to human women, but rather to quartz zombies that emerge from the sandstorms of California deserts, from the sprawl around Los Angeles. After all, L.A. is an

Words by
Michele D'Aurizio

图5-43 文字、图像语言一

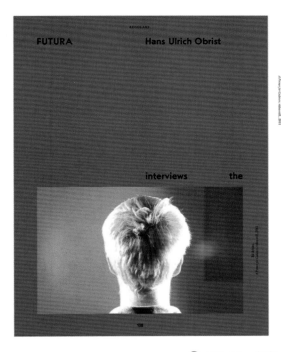

REGULARS

FUTURA   Hans Ulrich Obrist

interviews   the

139

young   British   artist   ED ATKINS

In a world where death
is a taboo, the London-
based artist pursues
materiality by inhabiting
a tumorous reality
and pushing it into the
digital realm.

FUTURA

图5-44 文字、图像语言二

能力,并服从于设计内容的意识是非常重要的。书籍中恰当运用图像,既丰富了版面的层次,赋予了书籍信息传达的节奏韵律,也扩大了读者更多想象空间,给读者美好的阅读体验。而社会环境、潮流、主流思想都是影响图形设计的主要元素。书籍设计中图形的创意的"五求"原则为:求异、求意、求易、求艺、求益。简单的解释为:追求原创性,追求形式、内容的统一,追求其沟通性,追求其审美性。最后归结于其设计宗旨:服务于人的人性化设计(图 5-45)。

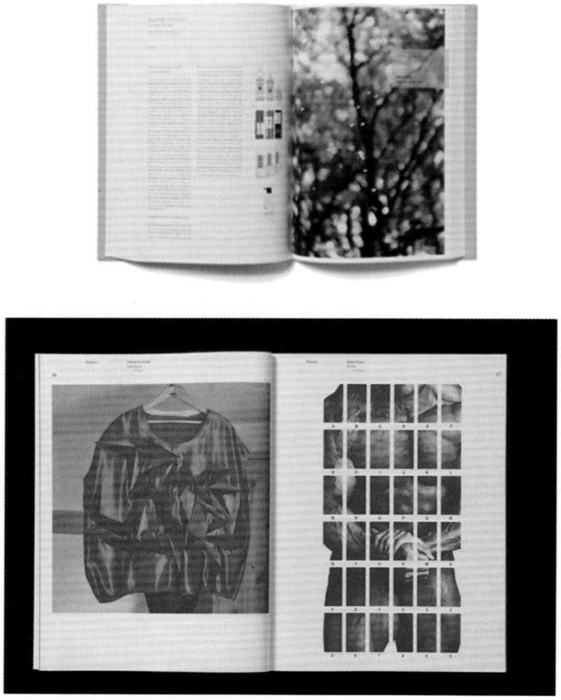

图5-45　图像形式感语言传达一

不同形态的发现及诞生，是要我们带着发现的心态去审视周围，发现自然界的慷慨及丰富多彩，它的任何一个细节都会让我们兴奋。培养一种审视生活态度，造就观察方法，会让设计也会让生活一样丰富多彩（图 5-46）。

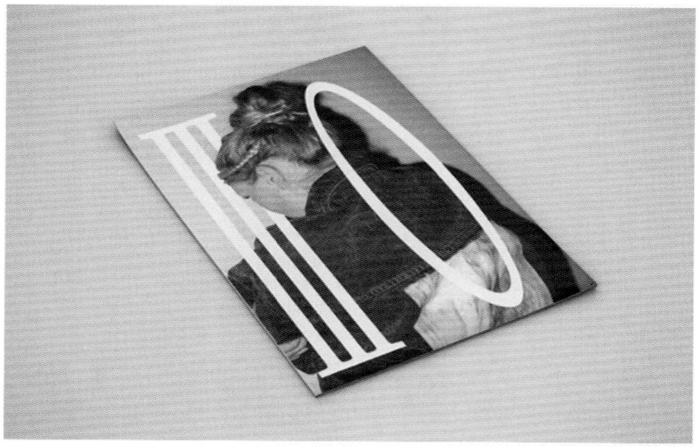

图5-46　图像形式感语言传达二

5.5　插图与字体设计的整合

在特定的信息传播中，人类传播信息的形式主要分为图形信息和文字信息两种。因文字语言种类的繁多，所以往往容易造成交流障碍，并且其信息容量也不如图形的涵盖量大，文字的信息容量仅是图形的百分之十左右。对于信息传播而言，图形形式在传播上具有很多优势：图形是最易识别和记忆的信息载体，是传播信息的形象简语；图形因具有丰富的可视性而成为非常有吸引力的信息传播介质。图形是种语言，具有直观展现事物的优势，是在信息传达过程中最具有情绪感染力和精神透射力的信息传递方式。

文字本来就具有图形之美，所以文字的图形化特征，历来是设计师乐此不疲的创作素材。在书籍设计中运用文字时，可以从文字的字形、间架结构，从现实的设计生活中，发现容易表现和被人理解的行为符号。另外，除了调整文字外形特征的图形化外，追求文字的意象化图形创意，也是充分表达文字意境较好的手段（图 5-47 ～图 5-49）。

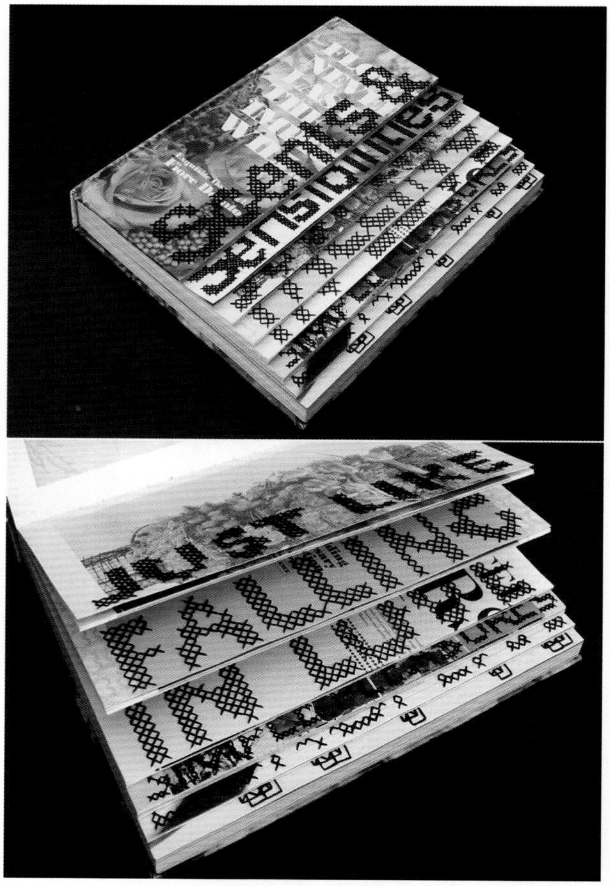

图5-47　字体、图像质感对比调和，肌理质感的字体设计为本书籍厚重感增分

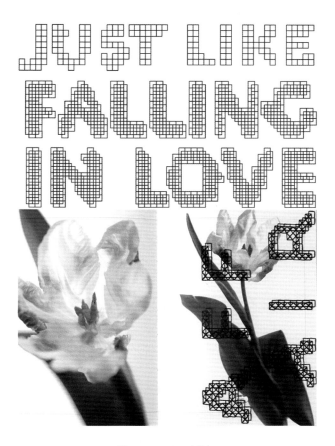

⬆ 图 5-47（续）

⬆ 图5-48 字体图形化转换及肌理装饰设计

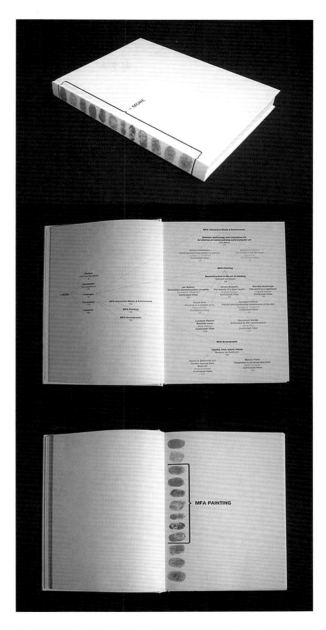

⬆ 图5-49 色彩、字体、图形调和关系，三者既互相影响又互相独立，肌理和色彩的结合在本书的设计中不失新潮感

5.5.1 文字图形化设计

文字是经过设计的图形，文字所具有的图形化特征，本身就具有图形的美感。文字作为图形形式最早出现在上古时期。而今，文字的结构仍然符合图形构成原则。从符号学来讲，汉字是一种特殊的图形设计符号。从古代的象形文字演化到今天所使用的文字，汉字已经变得更加干练，汉字所承载的信

息更加精准,所以将汉字原本包含的信息表现出来的过程,是思维转变的过程。

1. 字意的图形

字意的图形是指根据文字的含义进行艺术创造的字体。它利用直观的图形传达出了文字的深层的含义。字的形象化设计,要求构思到位、准确,不能影响汉字本身的主体形象,更不能发生误导,要抓创意设计的重点,强调对字面意义的理解设计。字的意象化图形创意的思想是源于图形创意的思想而发展,就是把文字当成一种图形来对待,加上文字本身的含义进行图形变化的延伸(图5-50 和图 5-51)。

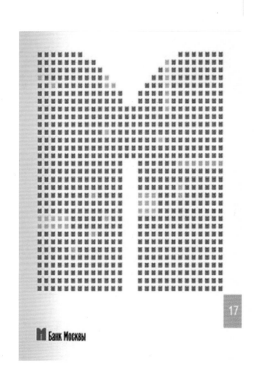

↑ 图5-51 字体设计——点、线、面、肌理关系在版面中的设计手法新颖,可供初学者作为学习的一种方法

↑ 图5-50 字体图形化

2. 字画图形

字画图形主要是指文字的一部分笔画用图形代替,或者用文字来组成图形。这样的形式有一定的趣味性。字画图形式将文字作为最基本单位的点、线、面出现在版面的编排中,使其成为版面编排的一

部分。字画图形是将图文组合成线、面或者具体的形象，成为图的一部分，达到图文相互结合，获得良好的视觉吸引力（图 5-52 和图 5-53）。

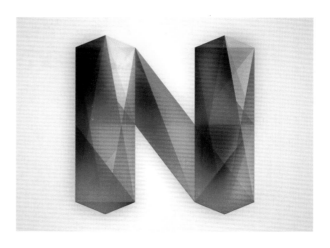

🔆 图5-52　字形设计

🔆 图5-53　字形设计——多媒体工具运用（平面的表现方法和独特的视觉语言已经远远超出我们对平面设计的一般理解，平面和多媒体、静态和动态的联系变得越来越紧密）

5.5.2　文字、图形、书籍设计的整合法则

　　书籍设计中的设计和审美是两个相互依存的矛盾统一体。德国著名的书籍艺术家说："书籍各个部分应有统一的美学构思，设计的各元素，如字体、插图、印刷、油墨、封面和护封，必须相互协调。"整体设计是书籍设计的灵魂，只有当书籍的设计有一个总的布局构想，才能使书籍的各种构成因素和谐统一，共存于这个书籍的统一体（图 5-54）。

⬆ 图5-54　书籍里的文字、图形、色彩、结构的整合

思考与练习

讨论题：

1. 版式设计的概念以及设计流程。

2. 文字设计、插图设计在版式设计中的主要作用。

作品创作：

1. 书籍设计中插图系列创作，要求注重原创性、连贯性，表现手法丰富，可结合新兴多媒体手段等。

2. 书籍设计中主题文字设计，要求字体图形化、图形字体化原理应用，在书籍整体设计中可尝试 2D、2.5D、3D 字体设计方法并统一表现手法应用。

第6章
书籍设计的创意原则和"五感"的应用

6.1 实用性与艺术性

当今的书籍设计,已经不单纯指书籍的封面设计,而是涵盖了书籍从策划、设计到印制、装订的全过程。这是一个呈现书籍形态、体现书籍内容的过程,也是一个塑造书籍美感的过程。体现书籍整体性的重点是设计,难点是制作工艺。通过设计,可以充分展示设计者的创意与意图,艺术化地表现书籍的内容与意境。而将作品转化为商品,就需要书籍设计的另一层面——印刷与装订、材料与工艺来体现了。因而,完整的书籍设计是形式与内容的统一、艺术与技术的结合、局部与整体的协调,使书籍的实用性与艺术性完美结合。

6.1.1 形式与内容的统一

书籍既是商品也是文化的载体,因此书籍设计必须做到形式与内容的统一。书籍内容是书籍的灵魂,没有内容就无所谓形式,也就更不需要书籍设计。因此从书籍的外在装帧到内在编排,所有的设计形式都应该以书籍内容为依托,从视觉设计的角度体现出书籍的灵魂。书籍设计在传递书籍信息的同时以一种美感的形式呈现给读者。形式由内容而生,内容决定形式。要做到书籍的内容和形式的完美统一,要求设计者掌握原著的精神,了解作者的风格和读者群的特点。通过对这些因素的提炼,用能代表这种精神、风格、特点的图像、色彩、文字创造出美的设计形态,使书籍的生命得到升华。

德国莱比锡举办的"世界最美的书"评选活动,反映了当今世界书籍艺术的最高水平。它的评判标准首先是形式与内容的统一,文字图像之间的和谐;第二是书籍的物化之美,对质感与印制水平的高标准;第三是原创性,鼓励想象力与个性;第四是注重历史的积累,即体现文化传承。德国著名书籍设计家冯德利希说:"重要的是必须按照不同的书籍内容赋予其合适的外貌,外观形象本身不是标准,对于内容精神的理解,才是书籍设计者努力的根本标志。"让读者阅读起来方便、易读、有趣,并使其成为生活的一部分,就是一本好的书籍设计。

不同内容的书籍,必须按照功能、性质、受众等因素分别处理,从而达到形式和内容的统一。比如政治、社科类书籍,版式设计应严谨庄重,简洁明了;诗歌、散文等文字类书籍,版式设计应雅致大方,体现书的文化内涵和审美情趣;少儿读物则应讲究图文并茂,色彩丰富。书籍内页的版式设计要和书籍整体设计风格统一(图6-1)。

6.1.2 艺术与技术的结合

书籍设计的艺术性是指人在获取信息的基础上对书籍情感和精神方面的表现、感知和理解。书籍设计作为艺术思维活动离不开感性创作过程,艺术感觉是灵感萌发的温床,是创作活动必不可少的一步。书籍艺术是一种富有创造性的表达方式,是书籍成为人们进行情感交流方式的一种重要手段。

书籍设计不同于一般艺术创作,它与技术条件相联系,它的技术性是不可忽视的。书籍设计的技术性主要包括印刷工艺和装订技术。不同内容的书籍应该选择相对应的材料和工艺技术，书籍设计应该表现为艺术理念和技术工艺的统一（图6-2～图6-4）。

(a)

(b)

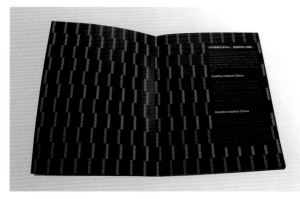

(c)

图6-1　贯穿于整个书籍的短竖线元素与电影的基本构成元素相呼应，其形式感也与短片电影节的内容相统一

(d)

(e)

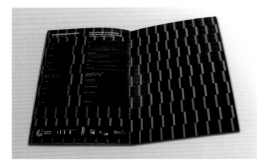

(f)

图　6-1（续）

(a)

图6-2　《家·春秋》（封面文字采用烫银技术，与书籍的复古设计风格搭配具有强烈的时尚气息，体现出技术与艺术的完美结合）

(b)

(a)

(c)

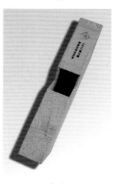

(b)

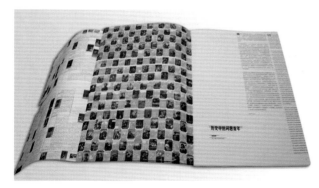

(d)

(c)

(e)

⬆ 图 6-2（续）

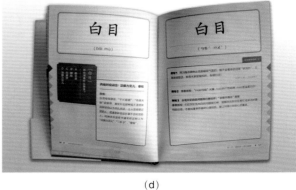

(d)

⬆ 图6-3 《台北道地地道北京》（在凹凸不平的书函表面，白描线条的烫金效果流畅清晰，高超的印刷技术很好地体现出了书籍的艺术性）

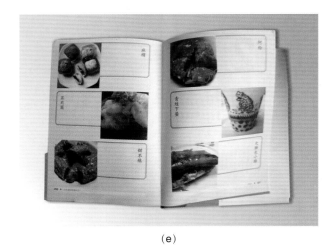

（e）

（f）

⬆ 图 6-3（续）

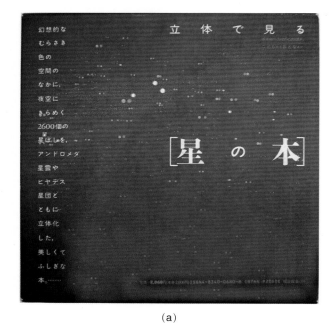

（a）

⬆ 图6-4 《立体看星星》体验透过3D眼镜观看书籍的奇
妙视觉之旅

（b）

（c）

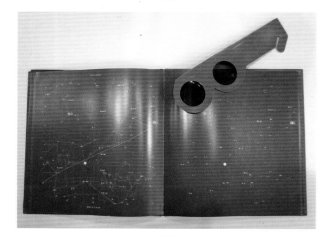

（d）

⬆ 图 6-4（续）

6.1.3　局部与整体的协调

书籍设计必须遵循局部与整体相协调的原则。一本书籍的形态创作,是通过读者以阅读的方式与静态书籍产生互动和交流,从阅读的开始到结束得到一种整体的感受和启迪。而整体是由封面、环衬、扉页、序言、目录以及文字、图像、空白、饰纹、线条、标记、页码等局部组成的统一体。书籍设计者要具有对文本进行从整体到局部、从无序到有序、从空间到时间、从概念到物化、从逻辑思考到思维联想、从书籍形态到传达语境的整体设计观念（图 6-5 和图 6-6）。

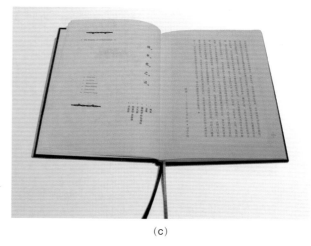

(c)

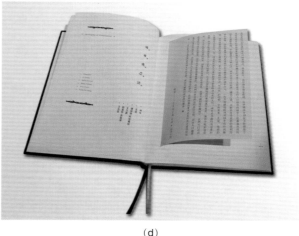

(d)

⬆ 图　6-5（续）

(a)

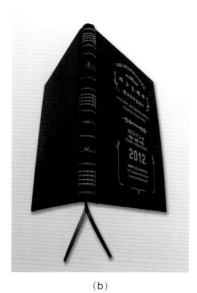

(b)

⬆ 图6-5　书籍采用黑色和蓝色，为了符合局部与整体相协调的原则，从外部的封面到内页的文字，包括书签带都选择这两种颜色，使书籍设计统一完整

(a)

⬆ 图6-6　《离骚》（书籍封面的蓝与黑在内页设计上得到了延续）

(b)

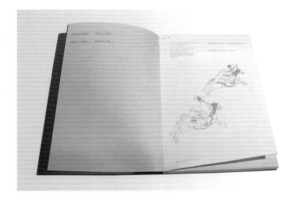

(c)

✤ 图 6-6（续）

6.2 书籍设计中"五感"的应用

人类依靠感官感知外部世界。视觉、触觉、听觉、嗅觉和味觉这五种感官是人类具备的基本感知能力，是人与外界进行沟通的主要方式。"五感"是指人们有意识地通过眼、身、鼻、耳、舌几种感官对周围事物进行观察和感知，同时大脑对获得的信息进行加工处理构成了理性思维。由此可见人的"五感"不仅是观察外界事物的基本手段，也是进行信息接收、选择和处理的重要方式。

日本书籍设计大师杉浦康平先生首先提出书籍的"五感"学说。他认为当一本书籍拿在手中，用手翻动着书页，用心领悟着所读知识的同时"五感"会随之而来，书是视、触、听、嗅、味五感将信息活性化的复杂宇宙。他将书籍设计的理论体系从视觉向触觉、听觉、嗅觉、味觉拓展。

吕敬人先生说："完美的书籍形态具有诱导读者视觉、触觉、嗅觉、听觉、味觉的功能。一本书拿在手里，首先体会到的是书的质感，通过手的触摸，材料的硬挺、柔软、粗糙、细腻，都会唤起读者一种新鲜的观感；打开书的同时，纸的气息、油墨的气味，随着翻动的书页不断刺激着读者的嗅觉；厚厚的辞典发出的啪嗒啪嗒重重的声响，柔软的线装书传来好似积雪沙啦沙啦的轻微之声，如同听到一首美妙的乐曲；随着眼视、手触、心读，犹如品尝一道菜肴，一本好的书也会触发读者的味觉，即品味书香意韵；而作为整个读书过程，视觉是其中最直接、最重要的感受，通过文字、图片、色彩的尽情表演，领会书中语境。"

6.2.1 视觉

视觉是人类获取外界信息最重要的手段之一，至少有 80% 以上的外界信息经视觉获得。人们通过视觉感知外界物体的大小、明暗、颜色、动静等。通过采用不同的材料、装订方式和印刷工艺，书籍外部设计以其千变万化的造型吸引着读者的视觉。书籍内部则以文字、图片、色彩等各种视觉要素的组合，使信息视觉化充分体现在无穷变化的书籍设计中（图 6-7 和图 6-8）。

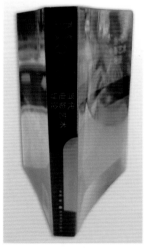

(a)

✤ 图6-7 《当代电影艺术导论》（切口上印制的"MOVIE 1895.12.18"。设计师经过精密的计算，在每一个页面上微调图案的尺寸和位置，花费了大量的时间，最终达到了预期的视觉效果）

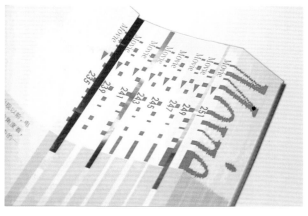

(e)

(b)

(f)

🔼 图　6-7（续）

(c)

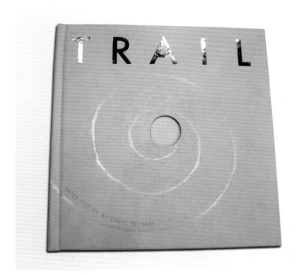

(a)

🔼 图6-8　随着页面的展开呈现出惊艳的立体效果，令
　　人赏心悦目

(d)

🔼 图　6-7（续）

(b)

(c)

(d)

(e)

⬆ 图 6-8（续）

6.2.2 触觉

人们的触觉感知主要呈现于书籍材料质感和特殊印刷工艺。触觉是仅次于视觉的人体感观，在人们认识事物的过程中起到关键性作用。触觉使读者对书籍得到的信息更加完整，与视觉感受产生共鸣。

随着现代书籍设计的不断进步，越来越多的材料广泛应用于书籍设计中。不同的材质具有不同的触觉感受和审美特征。书籍设计常用的材料包括木材、金属、丝织品、塑料、皮革、布料、化纤等。木板、金属材质的厚重给读者稳重、坚实的感觉；丝绸、宣纸材质的轻薄给人愉悦、浪漫、流畅之美；纸张是最主要的材料，半透明的硫酸纸材给人隐约神秘之感，全透明的材质让人感觉到大方直白之美。材质不同的透明度、肌理、质地、颜色、触感结合书籍中的图片、文字、符号等元素，具有强烈的视觉表现力、感染力和传播力，从而形成了具有较强表达能力的触觉语言（图6-9～图6-13）。

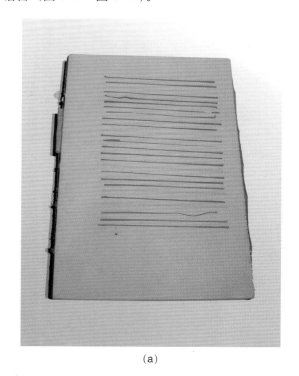

(a)

⬆ 图6-9 《物质/非物质》（设计师将书籍看作一个六面体的建筑，因此书籍的订口和各个切口都以不同的方式来处理，给读者带来不同的视觉和触觉感受）

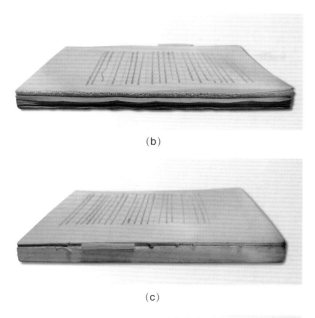

(b)

(c)

(d)

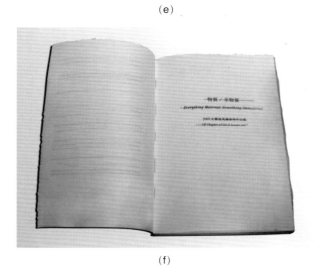

(e)

(f)

(g)

⬆ 图　6-9（续）

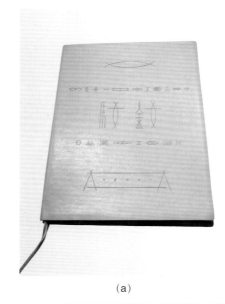

(a)

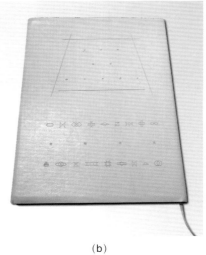

(b)

⬆ 图6-10　粉色的皮革给读者的指尖带来细腻的质感

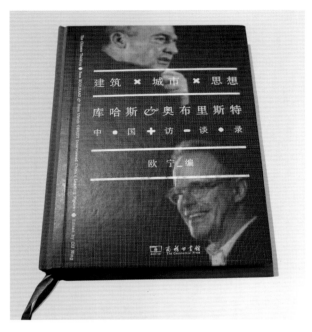

❀ 图6-11 封面覆盖一层书脊布给读者的触觉带来别样的感受

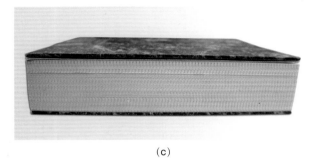

(c)

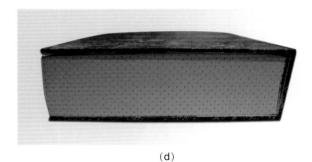

(d)

❀ 图 6-12（续）

(a)

(b)

❀ 图6-12 《荒漠生物土壤结皮生态与水文学研究》（设计师将书函的材质和书籍的切口以不同的触觉感受呈现，为原本厚重的书籍带来了些许趣味性）

(a)

(b)

❀ 图6-13 麻布朴素的质感与《论语》的主题十分契合

(c)

图　6-13（续）

6.2.3　嗅觉

书籍设计的嗅觉感受从两个角度来体现,一是"书香"的概念;二是概念书籍设计中气味的应用。"书香"的由来是古人为防止蠹虫咬食书籍,便在书中放置一种芸香草,这种草有一种清香之气,夹有这种草的书籍打开之后清香袭人所以称之为"书香"。因此人们也常常把世代读书的家族或者一些诗礼传家的人家称为"书香门第"。而这里所说的"书香"是指印刷物中油墨散发出来的味道。

现代书籍设计者尝试在一些概念书籍中应用气味,使读者得到视觉和嗅觉的双重愉悦。比如幼儿书籍设计中尝试加入不同的香味,翻到花朵的页面会飘起淡淡花香,翻到食物的页面会泛出食物的芳香等。

6.2.4　听觉

2009 年中国著名作曲家、指挥家谭盾用纸作为乐器创作了一台别出心裁的演出——《纸乐》。对于《纸乐》,谭盾说:"蔡伦造纸,把我们的历史、文字和艺术传载下来,成为人们生活和精神的伴侣。而纸的声音像是心灵传响,奏出了大自然的歌声。剪纸和吹纸,叠纸和敲纸,亦形亦音,都表达了人的梦想。我的《纸乐》的确是由实而虚,由虚而幻,由幻而响。"《纸乐》使纸张不单单是承载文字的载体,更成为声音的传播者（图 6-14）。

图6-14　《纸乐》音乐会现场

纸张作为书籍的主要材料带给人们的听觉感受更加成为书籍设计师的灵感来源。当我们打开书籍或翻动书页的时候,纸张的翻动和摩擦产生的声音给读者以听觉的享受。杉浦康平在《从"装帧"到"图书设计"》一文中说:"翻动书页,纸张会发出声音。字典纸的响声是哗啦哗啦的尖声,而宣纸如同积雪发出一种微弱的沙沙声。可以发现各类书籍都有各自特有的声音,用书页甚至可以演奏出音乐。"除了纸张本身,在书籍中添加声音也是设计师们常用的手法(图6-15)。

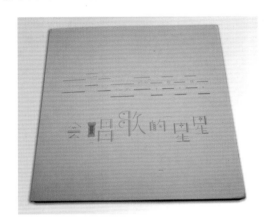
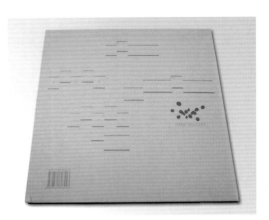

🔊 图6-15 《会唱歌的星星》(将声音置入书籍当中,由于印制的数量较少,只能采用机械的播放器)

6.2.5 味觉

日本著名设计师原研哉在阐述对书籍设计的理解时说道:"人不仅仅是一个感官主义的接收器官组合,同时也是一个敏感的记忆再生装置,能够根据记忆在脑海中再现出各种形象。如聪明的犹太人家里,小孩稍微懂事,母亲就会翻开《圣经》,滴一点蜂蜜在上面,然后叫小孩去吻圣经上的蜂蜜。这仪式的用意,书本是甜的,通过味觉让孩子从小培养对书籍的兴趣。现代书籍设计中,味道却是最难融入书籍的一种感觉。人们常说'观其色而知其味',我们看到一个桃子,便可以大致知道它是否成熟,或酸或甜,其中的'酸甜味'便是味觉体验。"因此在书籍设计时要把握色彩所表达的情感与内容的一致性,恰当好处的色彩运用,对于读者来讲是一次美妙的味觉体验。

世界首款茶日历来自于拥有一百多年历史的德国茶品牌 Hälssen & Lyon。这是款同时可以打动眼睛和味蕾的日历，茶叶被压制成速溶薄片，并依日期摆放在盒子中。饮用时，用热水冲泡即可。养生环保，也提醒着大家，时间正在不知不觉中悄然流逝……茶亦赋予了时间迷人的味道（如图 6-16）。

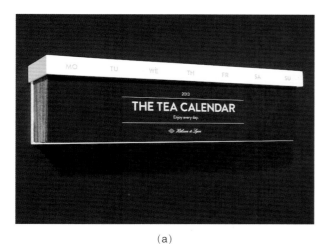

（a）

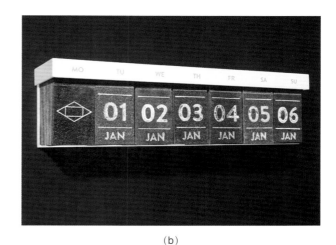

（b）

（c）

（d）

❶ 图6-16　世界首款茶日历

　　从"五感"出发的书籍设计使读者在阅读过程中享受视、触、听、嗅、味五感交融之美，使阅读成为一种愉悦的、轻松的获取信息和知识的过程。《书籍设计》课程教学中学生们积极探索"五感"的应用，创作出了具有创新性的实验性作品（图 6-17 ～图 6-30）。

　　护封：设计简洁的文字排版，大面积的留白传递"清新、健康、专业"的视觉感受。

　　书脊：增加了互动的环节，加入了滑动箭头条，让读者第一眼就被书籍吸引住，从而在茫茫书海中脱颖而出。

　　隔页条：书籍分为三部分——心态、运动、饮食，三条彩带分别包裹相应部分的内容，区分三个不同版块。也可以作为书签，方便同时阅读三个版块。

　　页码：利用体重、皮尺与瘦身结合的概念，数字从大到小，象征体重越来越轻，传达给读者"这是一本能让自己瘦的书"的信息，生动形象又不失页码的功能。

　　版心：面积逐渐减小映射出读者的体形随着阅读过程而逐渐苗条，从感官上让读者体会瘦的过程。

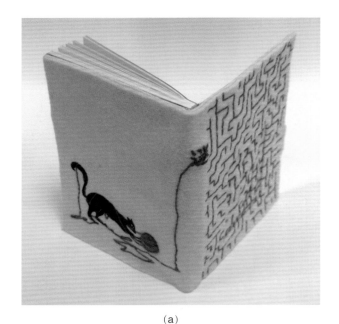

(a)

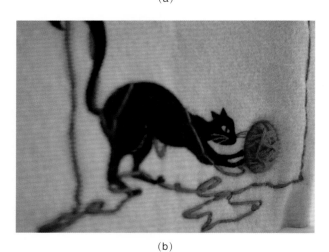

(b)

(c)

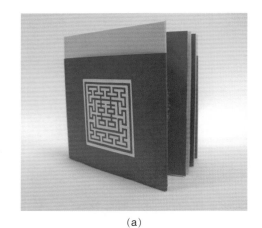

(a)

(b)

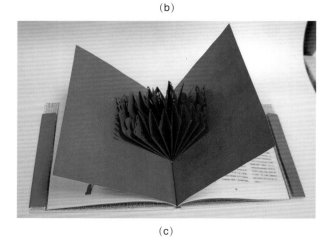

(c)

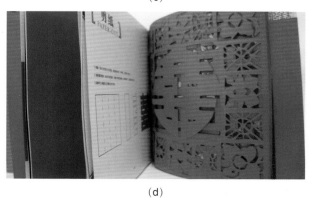

(d)

✛ 图6-17 《迷》（设计者周思悦，指导教师陈耀明，柔软的材质让人感觉到书籍的温暖，红色的迷宫线条贯穿始终体现了作者对书籍整体感的诠释，立体的线团与平面的黑猫丰富了书籍的层次感和质感）

✛ 图6-18 《喜》（设计者刘杰娜，指导教师陈耀明，正红的色调恰如其分地渲染了书籍的气氛，剪纸和镂空精致细腻，立体的折纸随着书籍的展开呈现在读者面前）

（a）

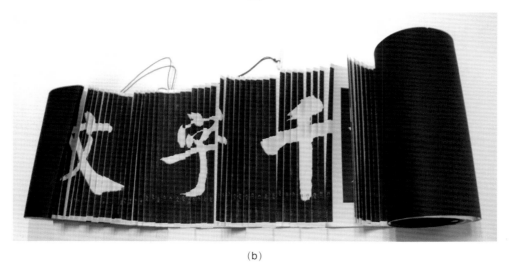

（b）

图6-19　《旋风装》（设计者陈若雯，指导教师陈耀明，这是一件气势磅礴的作品，页面随着手的浮动呈现出旋风般"千字文"字样，犹如龙鳞般翩然，将中国传统旋风装又称龙鳞装的书籍形式的美感体现得淋漓尽致）

图6-20　《褶皱》（设计者李艳琳，指导教师陈耀明，书籍粗糙的封面材质迎合了书籍的主题）

图6-21　《香香》（设计者吴双玉，指导教师陈耀明，布料的毛边使书籍的切口显得古朴自然，给人以温馨亲切的感觉）

🔁 图6-24 《给一个未出生孩子的信》（设计者陈亚楠，指导教师周东梅，书籍设计将信封实物结合在内页设计中，朴质复古，形式与内容统一，基于对内容精神的理解赋予其合适的外貌）

🔁 图6-22 《笑侃大上海》（设计者王一任、肖秋勇，指导教师周东梅，将服饰中的常用材质拉链作为书函的打开方式，想法别出心裁，创意感十足）

（a）

（b）

🔁 图6-23 《爱丽斯梦游仙境》（设计者徐佳芸，指导教师周东梅，以"枕头书"的概念作为书籍设计的主题，适合睡前阅读童话故事书的儿童）

🔁 图6-25 《夜之声》（设计者周文，指导教师周东梅，设计者根据书籍的内容在每个页面上安置一个金属片，当读者翻阅书籍时可以听到清脆的金属撞击的声音，听觉配合视觉使读者阅读时沉浸于内容情景中）

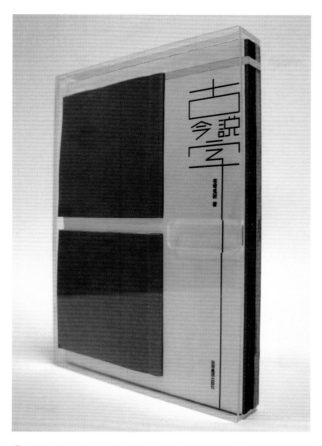

🔀 图6-26 《古今说字》(设计者汤馨怡,指导教师周东梅,形式古朴,硬塑书函与牛皮纸封面材质的对比相得益彰,文字图像排版和谐,阅读起来方便、易读、有趣)

🔀 图6-27 《泡泡书》(设计者黄诗芸,指导教师周东梅,泡泡纸是一种保护物品不被损坏的保护层。将泡泡纸可捏出响声的这一特殊效果作为灵感,用泡泡纸制作的概念书。针对人群是3~10岁孩童,孩子对颜色较为敏感,将有字或图的泡泡印有颜色,使其与背景区分开来。孩子按掉有颜色的泡泡与书产生了互动,增添了阅读的乐趣)

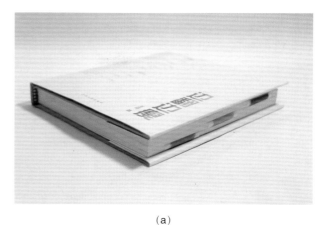

(a)

(b)

(c)

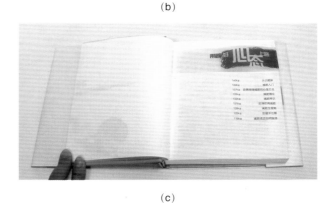

(d)

🔀 图6-28 《边翻边瘦》(设计者开帆,指导教师周东梅,这是一本非常优秀的书籍)

(e)

⊕ 图 6-28（续）

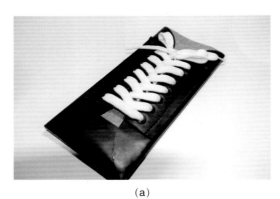

(a)

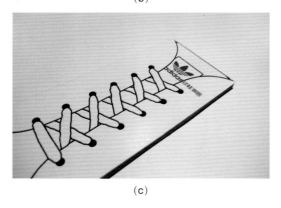

(b)

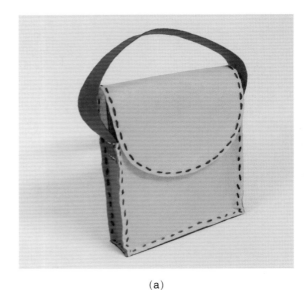

(c)

⊕ 图6-29　书函设计（设计者何晶莹，指导教师周东梅。书函设计成鞋子俯视的角度，既增加了趣味性，又可以让读者直接联想到书籍的内容。书籍的封面与书函相呼应，同样采用鞋子俯视的图案）

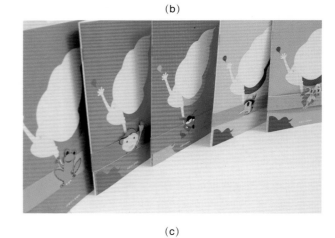

(a)

(b)

(c)

⊕ 图6-30　《少儿故事精选》（设计者黄靖雯，指导教师周东梅。柔软的书函、绚丽的色彩、简洁的形象肯定会赢得小朋友们的喜爱）

思考与练习

　　讨论题：

　　1. 书籍内容与形式的关系。

　　2. 书籍设计中"五感"应用的实验性探讨。

　　作品创作： 选择视觉、触觉、听觉、嗅觉、味觉中的一种感官作为主要概念，进行创意概念提案，要求提交 PPT 或者 PDF 电子文件。

第7章
书籍的印刷艺术

7.1 印刷概述

　　书籍设计是以书籍整体形态为载体的多侧面、多因素、立体的、动态的系统设计,书籍从设计到完成,涵盖了策划、设计、印刷、装订的整个过程。在印刷工艺高度发展的今天,设计者必须掌握、重视书籍材料与印刷工艺,为优秀的书籍设计奠定坚实的基础。书籍艺术离不开印制工艺所创造的美感,这也是书籍设计艺术发展的规律。我国春秋末年的《考工记》中说:"天有时,地有气,材有美,工有巧,合此四者,然后可以为良。" 如图7-1～图7-5所示。

�*❖ 图7-2　优秀的印刷工艺搭配合适的纸材使布料仿佛唾手可得

(a)

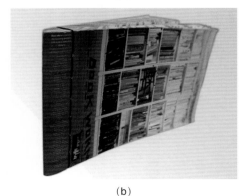

(b)

❖ 图7-1　*BOOK WORM*(特殊的装订方式增添了书籍的设计感和韵味)

❖ 图7-3　镭射金材质四色印刷,文字采用白色UV工艺

✪ 图7-4 镭射银材质四色印刷，窗户采用模切工艺

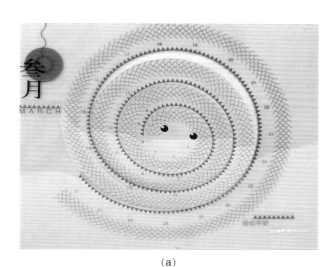

（a）

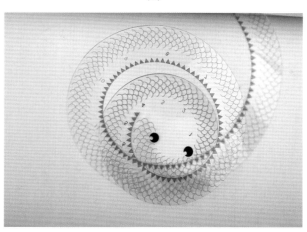

（b）

✪ 图7-5 胶片印红、蓝、黑三色，蛇的造型采用模切工艺

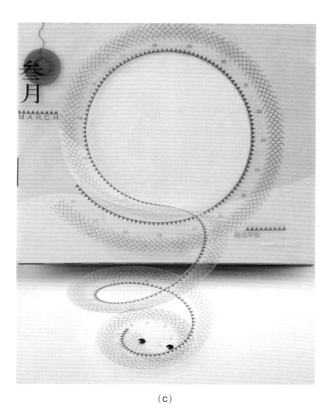

（c）

✪ 图 7-5（续）

7.1.1 印刷的定义

印刷是使用印版或其他方式将原稿上的图文信息转移到承印物上的工艺技术，是对原稿上图文信息进行大量复制的技术。传统印刷是利用一定的压力使印版上的油墨或其他粘附性的色料向承印物上转移的工艺技术。随着近十几年来电子、激光、计算机等技术不断向印刷领域的扩展以及高科技成果的应用，印刷领域出现了许多无须印版的数字化印刷方式，如数字印刷、激光打印、喷墨打印等。

7.1.2 印刷的要素

印刷的要素是指在完成一件印刷品的复制中，需要有哪些最基本的元件。对于传统印刷来说有五大要素，它们分别为原稿、印版、油墨、承印材料、印刷机械。对于数字化印刷模式，印刷只有四大要素，即原稿、油墨、承印材料、印刷设备。

1. 原稿

原稿是印刷过程中被复制的对象,它是制版、印刷的基础。在印刷过程中如果没有好的原稿就不可能获得高质量的印刷品。随着计算机技术在印刷领域的应用,印刷用的原稿形式也变得多样化。印刷中不同类型的原稿,不仅会影响到印刷品的质量,而且还会影响制版工艺的选择。

2. 印版

印刷用的板材统称为印版,它是将油墨传递到承印物上的图文信息的载体。在印版上,能接收油墨的部分称之为印刷部分或图文部分。反之,则称为印版的空白部分或非图文部分。在传统的印刷模式中,依图文部分与空白部分的相对位置、高度的差别或传递油墨的方式,可将印版分为凸版、平版、凹版、孔版。用于印版的版基,就目前来看,主要有金属和非金属两种。

3. 油墨

油墨是印刷过程中用于形成图文信息的物质。因此油墨在印刷中作用非同小可,它直接决定印刷品上图像的阶调、色彩、清晰度等。优质油墨会让图文色彩鲜艳、光亮度好、色相准确,给人以视觉享受(图7-6)。

✦ 图7-6 CMYK四色油墨

4. 承印材料

承印材料是能够接受油墨或其他吸附色料并呈现图文信息的各种物质的总称。随着印刷技术的日益成熟,印刷品的品种也日渐增多。承印材料也越来越广泛,有纸张、塑料、木材、金属等。

在纸质出版物中,纸张费用一般占印制成本的40% ~ 60%,而且印数越大所占比例越高。同时,图书印刷质量的好坏,同纸张质量的优劣和选用是否恰当有着密切的关系。纸张表面的平滑程度,还有涂布层的均匀程度会直接影响到图文的效果,当然不同性质的印件应选用不同类型的纸张。纸质书籍最常用的纸张有胶版纸、铜版纸、字典纸、书写纸、牛皮纸等。另外还有大量各式各样的做封面、环衬、扉页等的特种纸(图7-7 ~ 图7-12)。

✦ 图7-7 纸样

图7-8　手工纸四色印刷一

图7-9　特种纸印专色金色，“龙” 字采用烫红工艺

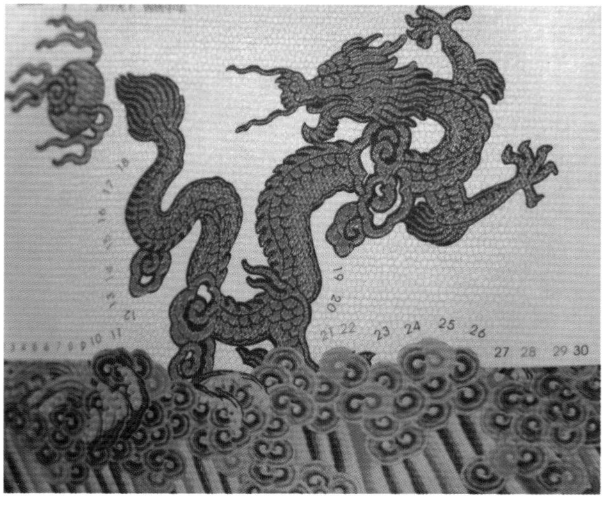

图7-10　绢面布四色印刷

图7-11　大地纸四色印刷

图7-12　手工纸四色印刷二

5. 印刷机械

印刷机械是印刷过程中复制印刷品的机器、设备的总称。它是印刷过程中的核心，其作用是使印版上的油墨转移到承印物表面。印刷机械一般由给纸部件、收纸部件、输墨部件、印刷部件组成，胶印机一般还有一个输水部件。“工欲善其事，必先利其器”，如果一台印刷机的精度不高，稳定性又差，那么就很难印制出高品质的书籍（图 7-13）。

⬆ 图7-13　海德堡印刷机示意图

一本书籍想要得到精致的印刷效果，除了机器、油墨、纸张这些硬件条件外，还有印刷辅料及其他方面的因素。因为印刷机械由人来操作，油墨由人来调配，颜色由人来追，所以操作工人的技术、操作规范和责任心是非常重要的，这些综合因素直接决定了印刷制品的最终效果。

7.1.3　印前准备

印前处理是印刷质量控制的主要环节。印前工艺是否科学合理，直接决定了书籍成品印刷的优劣。书籍设计者必须懂得基本的印前工艺，规避印刷技术上的困难，才能够保证书籍顺利的出版印刷，从而更好地传达设计理念，得到最佳的书籍成品。

设计师将书稿文件交给印刷机构之前需要对设计文件进行检查，包括成品尺寸是否正确、是否缺字体、图的格式是否正确、分辨率是否符合印刷标准、要保留的内容距离裁切线是否够远、是否有乱码、边图是否出血等。设计文稿"出血"指的是图像边缘正好与纸的边缘重合的版面，在设计时图像应超出裁切边缘3mm。如果不做这样的出血处理，印成品上可能会在纸的边缘与印刷图像边缘之间留下纸张的白边。

另外，很多专业排版软件为了保证较高的运行速度和灵活的可操作性，通常只在排版文件中加载一个已链接的低分辨率图片，并通过链接保持排版文件与原图片之间的联系，原图片文件都是独立存在的。因此，排版文件拿去印刷输出时一定要将文件中置入的图片文件一起拿去。同时也要注意在排版文件完成后，如果改动了图片的保存路径或文件名，一定要重新链接图片以免因此导致无法输出胶片。

印刷机构收到文件后会进行出片前的检查。有的问题要打出数码样后才会发现，数码打样是印刷跟色的依据。设计师拿到打样后对图片颜色、文字、版式等内容一定要认真核对，有问题的部分重新改正，再打样确认，直至完全正确无误。

7.2　印刷色彩知识

7.2.1　色彩模式

印刷色彩模式是书籍设计能够在不同媒介上成功表现的重要保障。每种色彩模式都有不同的色域，并且各个模式之间可以转换。支持印刷的色彩模式包括CMYK模式、灰度(Gray)模式、位图(Bitmap)模式和双色调(Duotone)模式。在处理书籍图片的过程中，应该注意不要在各种模式间转来转去。因为在位图编辑软件中，每进行一次图片色彩空间的转换，都将损失一部分原图片的细节信息。

1. CMYK 模式

用于书籍制版印刷的彩色图片必须是CMYK模式的，CMYK是印刷彩色图片唯一可用的色彩模式。CMY是三种印刷油墨名称的首字母：青色Cyan、洋红色Magenta、黄色Yellow。而K取的是Blank，之所以不取黑色的首字母，是为了避免与蓝色Blue混淆。从理论上讲，CMY三种油墨加在一起就得到黑色。但是由于目前制造工艺还不能造出高纯度的油墨，CMY相加的结果实际是一种暗红色，因此还需要加入专门的黑墨来表现准确的色彩。

2. 灰度模式

灰度图又叫8位深度图。每个像素用8个二进制位表示，能产生2的8次方即256级灰色调，通常黑白照片都是以灰度模式输出的。当一个彩色文件被转换为灰度模式文件后，有些滤镜效果将不能实现，许多细微的层次也体现不出来，所有的颜色信息都将从文件中丢失。尽管 Photoshop 允许将一个灰度文件转换为彩色模式文件，但不可能将原来的颜色完全还原。

3．位图模式

位图模式用两种颜色（黑和白）来表示图像中的像素，位图模式的图像也叫做黑白图像。它通过组合不同大小的点，产生一定的灰度级阴影。使用位图模式可以更好地设定网点的大小、形状和角度，更完善地控制灰度图像的打印。但需要注意的是，只有灰度图像和多通道图像才能被转换成位图模式，当图像转换到位图模式后将会丢失大量的色彩，无法进行其他编辑，甚至不能复原灰度模式时的图像，所以要在确保万无一失时的情况下再进行转换。

4．色调模式

色调模式对于减少印刷成本很重要。双色调模式是用一种灰度油墨或彩色油墨来渲染一个灰度图像，为双色套印或同色浓淡套印模式。在这种模式中，最多可以向灰度图像中添加 4 种颜色，这样就可以打印出比单纯灰度模式要好看得多的图像。而使用双色调模式最主要的用途就是使用尽量少的颜色表现尽量多的颜色层次，这对于减少印刷成本是很重要的，因为在书籍印刷时，每增加一种色调都需要更大的成本。

另外，每一次由 RGB 模式向以上四种印刷色彩模式转换时，我们最好在转换过程中加一个中间步骤，即先让 RGB 模式的图片过渡到 Lab 模式，然后再进行相应的转换。因为 Lab 模式是一种色彩空间最大的模式，在理论上包括了人眼可见的所有色彩，它弥补了 CMYK 模式和 RGB 模式的不足。Lab 模式是与设备无关的，可以用这一模式编辑处理任何一幅图片（包括灰度图片），并且与 RGB 模式同样快。在把 Lab 模式转成 CMYK 模式的过程中，所有的色彩不会丢失或被替换。在非彩色的排版过程中，

应用 Lab 模式将图片转换成灰度图也是经常用到的。对于一些互联网上下载的 RGB 模式的图片，如果不用 Lab 模式过渡后再转换成灰度图，那么在使用排版软件时，有时无法对图片进行编辑。

从 Lab、RGB 到 CMYK、灰度图、双色调、位图，所能表现的色彩空间将会逐渐变小，因此我们在进行每一次色彩模式转换时，都要根据实际情况谨慎行事，只有掌握好每一种色彩模式及其相互转换的特点才能获得高质量的书籍印刷效果。

7.2.2 印刷油墨

1．原色

原色是指 C、M、Y、K 及其叠印色。在印刷原色时，这四种颜色都有自己的色版，在色版上记录了这种颜色的网点，这些网点是由半色调网屏生成的，把四种色版合并到一起就形成了所定义的颜色。实际上，在纸张上面的四种印刷颜色是分开的，只是由于距离很近，人眼的分辨能力有限，所以不能将它们分辨开来。得到的视觉印象就是各种颜色的混合效果，因此产生了各种丰富的颜色（图 7-14）。

⊕ 图7-14　原色油墨示意图

由于色彩在输出、印刷这个复杂的过程中可能产生不同的视觉效果。为了保证印刷时颜色的准确性，在设计时可以在印刷色卡上选定需要的颜色，并

用色卡上该颜色的 CMYK 色值对色彩进行设定,这样无论屏幕上显示的是什么颜色,印刷品最终的效果由色卡上的颜色来决定。

2．专色

专色油墨是由印刷厂预先混合好或油墨厂生产的,如珍珠蓝、荧光黄等,它不是由 CMYK 四色叠印出来的颜色。专色的特点是色彩饱和度高,可以满足设计师对色彩的特殊要求。对于书籍上的每一种专色,印刷时都有专门的一个色版对应。虽然计算机不能准确地表示专色,但通过色卡能看到该颜色在纸张上的准确信息,比如 Pantone 彩色匹配系统就创建了很详细的色卡。作为设计师可以根据以下 3 种情况来选择用原色、专色还是混合印刷的形式印刷书籍(图 7-15)。

⊕ 图7-15　Pantone专色色卡

（1）成本控制

一般情况下,我们尽量使用原色,避免使用专色。原因有两个方面:一是四色印刷可以组合出大部分的色彩,基本能够满足设计师的要求;二是专色油墨多为进口油墨,价格高。在印刷时要专门制作一块印版,单由一个机组走纸一次来完成该色的印刷,这样会大大增加印刷费用(图 7-16)。

（2）特殊需要

很多知名公司的标志颜色都采用特定的颜色,必须用专色印刷,如可口可乐的标志上使用的红,就是一种专色,印刷时必须采用专色油墨以专版印刷。另外,一些不同寻常的颜色效果如荧光红

等,也需要专色油墨进行专色印刷才能达到效果(图 7-17)。

⊕ 图7-16　Sol Free专色油墨

⊕ 图7-17　可口可乐标志

（3）混合使用

复杂的设计往往需要使用专色和原色共同完成印刷,如某些印刷要在四色印刷的效果上增加公司的专色标志,或者书籍的某些重要的细节想要获得特殊的色彩效果,那么就必须加一次或两次的专色印刷(图 7-18)。

(a)

⊕ 图7-18　《太阳系》(护封采用荧光红专色与四色印刷混合使用的方式,色彩对比强烈,具有视觉冲击力。封面的折纸结构增强了书籍的层次感,丰富了水滴的虚实关系)

(b)

(c)

⬆ 图　7-18（续）

7.3　印刷文件格式

7.3.1　输出文件格式

目前书籍设计师提交给印刷厂最常用的文件格式是 PDF 格式的文档，因为这样可以使出错率最小化，既快捷又准确。除了 PDF 格式的文档，提交各种排版软件制作的文件也是可以的。目前国际上最常用的专业排版软件是 Adobe 公司的 InDesign，它可以制作出令人满意的纸质出版物、电子出版物

等。InDesign 作为一个优秀的图形图像编辑及排版软件，不仅能够产生专业级的全色彩效果，还可以将文件输出为 PDF、HTML 等文件格式，是跨媒体出版的领航者。Adobe InDesign 性能优异、使用方便、所见即所得，生成 PDF 文件及导出各类图片文件非常方便，是多页面高效排版设计的最佳选择，一般书籍、画册和杂志等都用 InDesign 来设计排版。除了 InDesign，书籍排版设计中常用的软件还有 Illustrator、CorelDRAW、Photoshop 等。

7.3.2　图像文件格式

在书籍出版印刷中，图像存储的常用文件格式有 EPS、TIFF、JPEG 三种。充分了解这 3 种格式的区别，有利于很好地使用它们。

1．TIFF 格式

TIFF 文件格式主要是为扫描仪和计算机出版软件开发的，用来存储黑白图像、灰度图像和彩色图像。TIFF 格式能对灰度、CMYK 模式、索引颜色模式或 RGB 模式进行编码，可以将图像保存为压缩或非压缩的格式。TIFF 格式的通用性很强，几乎所有涉及位图的应用程序都能处理 TIFF 文件格式。如果要印刷高质量的图像，TIFF 格式是较为合适的选择。

2．EPS 格式

EPS 格式是一种混合图像格式，它可以同时在一个文件内记录图像、图形和文字，携带有关的文字信息。绝大多数绘图软件和排版软件都支持这种格式。EPS 也是唯一支持二值图像模式下透明白色的文件格式，即在图像处理软件中定义的透明区域可以在排版软件中得到很好的继承。EPS 格式主要用于印刷和打印，可以保存 Alpha 通道，尤其可以存储路径和加网信息，而 TIFF 格式则不允许在图像文件中包括这类信息。

3．JPEG 格式

JPEG 文件格式是印刷品中压缩文件的主要格

式,它只是将图像压缩的一种简单方法,没有其他的更多功能。它使用的有损压缩格式,使它成为迅速显示图像并保存较好分辨率的理想格式。而由于每次保存 JPEG 格式的图像时都会丢失一些数据,因此,通常只在创作的最后阶段以 JPEG 格式保存一次图像即可。

7.3.3　设计分辨率

在书籍设计中分辨率的设置是十分重要的,它直接决定了最终印刷效果的质量。分辨率的设置必须根据设计和印刷工艺的要求,特别是印刷所用的承印材料等多种因素来确定,并不是任何图片都一定要调到最高分辨率。如报纸印刷的网线比精美画册要低,它们对图像文件分辨率的要求也不一样。如果将用新闻纸印刷的报纸上的图片分辨率调至与用铜版纸印刷的画册相同的分辨率,不仅毫无意义,反而导致印刷糊版。

图像分辨率直接关系到图像的质量,分辨率的高低决定了图像的大小、清晰度、阶调层次等。在初建新文件时应考虑到图像的分辨率。另外,在储存文件时也应选择相应的储存格式,避免压缩太严重导致分辨率降低。很多印前设计者错误地认为,图像文件分辨率越高越好。实际上庞大的图像文件,无论是扫描、处理、保存、置入都极其缓慢,对设备的要求也相对较高,严重影响了设计效率。另有很多设计者会选择直接从网上下载图片,但这些 JPEG、GIF、PNG 格式的图片都是经过压缩的,分辨率不能满足要求。一般来说,印刷用的图像分辨率要大于或等于 300dpi,并采用非压缩的 CMYK 模式的 TIFF 或 EPS 格式储存。

7.4 印刷类型

7.4.1　平版印刷

平版印刷也称胶印,是目前最常见、应用最广泛的印刷方式。在印刷时,为了使油墨区分印版的图

文部分与非图文部分,首先由装置向印版的非图文部分供水,从而保护其不受油墨的浸湿。由于印版的非图文部分受到水的保护,因此油墨只能供到印版的图文部分。最后是将印版上的油墨转移到橡皮布上,再利用橡皮滚筒与压印滚筒之间的压力,将橡皮布上的油墨转移到承印物上,从而完成了一次印刷。所以平版印刷是一种间接的印刷方式。其优点是制版工艺简单,成本低廉,套版准确,印刷制版、复制都比较容易。大部分书籍都采用平版印刷方式(图 7-19 和图 7-20)。

⤊ 图7-19　《怯青春》封面

⤊ 图7-20　《怯青春》内页

7.4.2　凸版印刷

凸版是历史最悠久的一种印刷方式。凸版印刷的原理比较简单。印刷机的给墨装置先使油墨分配均匀,然后通过墨辊将油墨转移到印版上,由于印版

上的图文部分远高于非图文部分,因此,墨辊上的油墨只能转移到印版的图文部分,而非图文部分则没有油墨。在印版装置和压印装置的共同作用下,印版图文部分的油墨再转移到承印物上,从而完成一件印刷品的印刷。印刷版材主要有活字版、铅版、锌版、铜版、感光树脂版等。在书籍制作时如需特殊加工,例如:烫金、烫银、压凹凸等一般使用凸版印刷。它的优点在于油墨厚实,色彩鲜艳,字体、线条、图案清晰;缺点是制版不易控制,制版费较高并且对大面积色块不适合(图7-21和图7-22)。

✛ 图7-21　凸版印刷品

✛ 图7-22　六色凸版轮转印刷机

7.4.3 凹版印刷

凹版印刷与凸版印刷原理相反。文字与图像凹于版面之下,凹下去的部分携带油墨。印刷的浓淡与凹进去的深浅有关,深则重,浅则淡。由于凹板印刷

的油墨不同,因而印刷的线条有凸出感。凹版印刷也适于塑料膜、丝绸的印刷。凹版印刷的特点是色调丰富、色彩再现力强,版面耐力度高,适合印刷各种纸币、证券、高档书籍或包装用纸等。但凹版印刷制版费用昂贵,制版工艺复杂,成本较高(图7-23)。

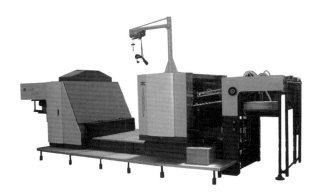

✛ 图7-23　凹版印刷机

2004年"世界最美的书"金奖《梅兰芳(藏)戏曲史料图画集》采用中国传统线装方式,字体用凹版印刷,打开方式是自右向左。莱比锡图书艺术基金会主席乌塔·施耐特女士对这本书的评价是"完美"二字。精致的凹版印刷细节为这本书增色不少(图7-24)。

✛ 图7-24　《梅兰芳藏戏曲史料图画集》

7.4.4 孔版印刷

孔版印刷又称丝网印刷。利用绢布、金属及合成材料的丝网、蜡纸等为印版,将图文部分镂空成细孔,非图文部位以印刷材料保护,印版紧贴承印物,用刮板或者墨辊使油墨渗透到承印物上。丝网印刷

不仅可以印于平面承印物而且可印于弧面承印物，颜色鲜艳，经久不变。适用于标签、提包、T恤衫、塑料制品、玻璃、金属等物体的印刷，并能适用于小批量的印刷。由于孔版印刷速度较慢，所以产量较低（图7-25～图7-27）。

✛ 图7-25　辊筒孔版印刷机

✛ 图7-26　轮转丝网印刷

✛ 图7-27　丝网印刷品

7.4.5　数字印刷

数码印刷与传统印刷最大的区别在于，省略了出胶片、晒PS版等工序，直接实现从计算机到纸张的打印过程。它适合小批量、个性化的印刷品。而且可以做到立等可取、份份不同。书籍在正式印刷之前都会打印样书，采用数码印刷是最经济、最理想的方式。数码印刷适合打印厚度在80～250g之间的纸。数码印刷适用文件格式比较多样，除了专业制作软件外，办公软件也可以使用。当然，比较规范的是提供PDF格式的电子文件，那将使打印过程快捷而准确。

7.5　印刷工艺

印刷工艺是书籍设计中至关重要的一个环节，不同的印刷方式呈现不同的设计风格和装饰风格。随着印刷技术的进步，许多新手段、新工艺也应运而生。书籍设计中常用的印刷工艺包括UV、电化铝烫印、模切、凹凸压印、滚金口、覆膜、对裱、压痕、压纹、滴塑、磨砂、植绒等。

7.5.1　UV

UV（Ultra Violet）上光又叫紫外线固化上光。UV油墨是一种特殊的油光透明材料，这种材料触感光滑细腻，可以提高墨色的光泽度和鲜艳度，增强印刷品的外观效果。UV上光有高光型与亚光型两种。高光型色泽光亮，亚光型色泽暗淡、雅致。一般都覆盖在普通油墨之上，UV上光也可以作为一种保护层印在封面上。

UV上光分为全幅面上光和局部上光，前者被业界称为"过UV油"或"过油"，后者被称为"局部UV"。局部UV的墨层有明显的凹凸感，给人以特别的视觉和触觉感受。局部UV与其他工艺结合能够在印刷品表面形成各种不同的肌理效果，可以做出冰花、发泡、皱纹、磨砂、折光、珠光等效果。书籍封面或局部覆盖这种固化材料，就会呈现出一种新奇的特殊效果，为封面增添新的趣味与魅力。自局部UV上光几年前出现在书籍印刷加工以后，在 2003年、2004 年掀起了使用高潮，被广泛运用到书籍的封面设计上，尤其是儿童类、财经类、文学类、管理类、图文类的书籍。UV 上光是一种环保工艺，由于其原理是通过紫外线照射使其固化，因此不产生废气，对环境无污染。UV 上光可以采用丝网印刷或者平版印刷的方式（图 7-28 ～图 7-30）。

🔶 图7-28　《疾风迅雷：杉浦康平杂志设计的半个世纪》（封面采用复合UV工艺制作"疾风迅雷"书法字体，具有磨砂、透明、光泽感强的肌理效果）

🔶 图7-29　透明UV工艺

🔶 图7-30　特殊UV工艺

7.5.2　电化铝烫印

电化铝烫印是借助一定的压力和温度，运用装在烫印机上的模板，使印刷品和金属箔在短时间内互相受压，将烫印模板上的图文转印到印刷品表面。可以应用电化铝烫印的材料包括木板、皮革、织物、纸张或塑料等。

书籍常用金色、银色、彩金或其他颜色的电化铝箔或粉箔（无光）通过加热来印上书名或图案、线框等，经过电化铝烫印后的部分有金属光泽、富丽堂皇，使印刷画面产生强烈的视觉对比。配合击凸或压凹的印刷工艺能产生更加独特的肌理感受。目前这种方式被大量地应用在书籍设计中，以往常在精装书的函套和封面上烫金、烫银，而现在平装书籍中应用烫金、烫银工艺的也越来越多。不仅如此，由于金银烫印在特种纸上能产生独特的韵味和效果，因此书籍环衬、扉页等页面也常采用电化铝烫印工艺（图 7-31 ～图 7-34）。

7.5.3　模切

模切是指根据设计要求把材料切成异型或"镂空"的工艺。模切需要用钢刀片制作成模切版，在模切机上把印刷品或纸张轧切成一定形状，它可以将印刷品轧切成弧形或其他复杂的外形，也可以对印刷品进行冲孔或镂空等处理（图 7-35 和图 7-36）。

🔆 图7-31　四色印刷加烫兰金

🔆 图7-33　烫黑

(a)

(b)

(c)

🔆 图7-32　四色印刷加烫激光金

(a)

(b)

🔆 图7-34　英文字采用印金工艺，兔子采用烫金工艺。
烫金与印金的区别是：烫金工艺有轻微凹陷效果，
并且金属光泽感更强

(c)

⬆ 图 7-34（续）

⬆ 图7-35 荧光红专色印刷，龙的造型采用模切工艺

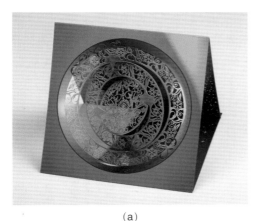

(a)

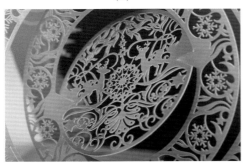

(b)

⬆ 图7-36 精细激光雕刻

(c)

⬆ 图 7-36（续）

7.5.4 凹凸压印

凹凸压印又叫压凹凸、压凸、击凸，是利用相互匹配的凹型和凸型钢模或铜模，压出具有凹凸立体感的浮雕效果。在书籍设计中，凹凸压印主要用来印制函套及封面上的文字、图案或线框，从而提高印刷品的立体感和品质感。也可以在凹凸压印后印上油墨或局部 UV 上光，使图文更加突出。结合用手工雕刻的方式，可以做出三四个层次的浮雕效果（图 7-37 ～图 7-40）。

⬆ 图7-37 采用烫、印、击凸综合印刷工艺

⬆ 图7-38 采用烫、印、击凸综合印刷工艺

101

(a)

(b)

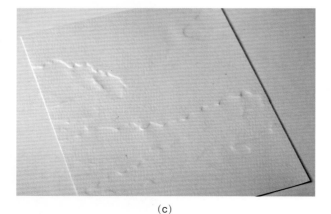

(c)

⬆ 图7-39 四色印刷加浮雕击凸工艺

⬆ 图7-40 凹印

7.5.5 滚金口

滚金口是在书籍切口一面（一般在天头切口上）或三面，经烫压粘上一层金属箔（即赤金箔）或电化铝，使书籍的切口上呈现一层金光闪闪的颜色。由于赤金箔或电化铝在加工时是用滚压方式烫粘在切口上的,故称滚金口（图 7-41 和图 7-42）。

⬆ 图7-41 银色切口

↑ 图7-42 萤光色切口

7.5.6 植绒

植绒工艺需要先采用胶印方式将普通的图案印好,接着在准备植绒的部分上采用丝网印刷方式刷印胶糊,施加负电荷。然后在正电荷的极板上撒上用人造丝、尼龙、羊毛或金银粉做成的短纤维或粉尘。由于正负极的距离很短,利用正负极间相吸引的静电原理,使纤维被吸附到刷有胶糊的图案上并直立起来(图7-43)。

↑ 图7-43 植绒工艺

7.5.7 对裱

随着生活水平的提高,幼儿读物的形式更加丰富多彩。对裱类卡书就是近几年来出现的形式。它是由多层卡纸或板纸对裱而成,经常结合模切、冲圆角、裱糊、压痕等工艺,还配以各种材料作附件,具有趣味性强、易翻看、不伤人等优点。除此之

外,邮册、相册等纪念册也常采用对裱精装的方式(图7-44)。

(a)

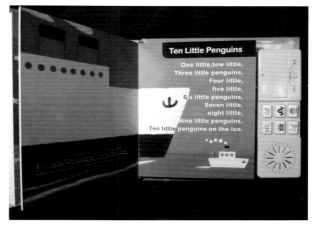

(b)

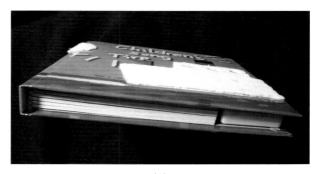

(c)

↑ 图7-44 陈昕作品

7.5.8 磨砂

磨砂是利用外力作用,在书籍印刷品表面通过压轧变形而得到具有立体效果的均匀的凹凸麻砂

点。这一工艺往往与烫印一起应用（图7-45）。

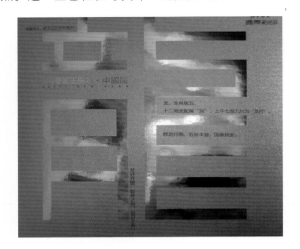

⊕ 图7-45 "龙"字透出金卡纸，在金卡纸其他部分采用磨砂工艺，文字使用专色印刷

7.5.9 覆膜

覆膜又称过胶，是指通过覆膜机的高温压力，在印刷品上覆着一层塑料薄膜的工艺，具有耐摩擦、耐潮湿、耐光、防水和防污的功能。覆膜分为光膜（光胶）和亚膜（亚胶）两种。光膜表面效果晶莹亮丽、色泽光亮、表现力强；亚膜表面不反光，呈现雅致磨砂效果。覆膜对书的封面有装饰和保护的作用。200g以上的纸张，在实色部位有压痕工艺必须使用覆膜工艺。128g以下的纸张单面覆膜后容易因两面表面张力不同而打卷。覆亚膜后印刷品色彩饱和度会略有下降，而且表面凹凸不平的纸张不适合覆膜（图7-46）。

随着印刷技术的不断进步，印刷工艺的种类也越发繁多。除了上述印刷工艺，常用的印刷工艺还包括压纹、滴塑、浮雕、压痕等。压纹工艺是利用雕刻纹路的金属辊加压后在纸张表面留下满版的纹路肌理。可以改变普通铜版纸或纸板表面的纹理，使其像皮革、布质品、麻质品、编织品、毡毯、树皮、木纹、梨皮、橘皮等。既可以使其具有云彩、树叶的飘逸纹路，也可使其具有如甲骨文、土陶般的凝重纹路。现在用于书籍表面的纹路可以随心所欲地设计，并且可以在一个版面上同时印上几种不同的纹路。滴塑是将透明的柔性或硬性的水晶胶均匀地滴到物体表面，使物体表面获得水晶般晶莹的立体效果。可滴塑在纸张、涤纶、PC、金属等材质的表面上，滴塑面还具有耐水、耐潮、耐UV光等性能。浮雕印刷是将印刷品经过压力加工使其能与原稿相类似，一般制作对象为油画等绘画作品。当印刷完毕之后，在印刷物上面附上胶膜。然后将预先制作好的压盘，即原画经照相制版所得的凹凸版，在印刷品上进行加压工序，就能够制作成与原画相似度极高的复制品。浮雕印刷多用于名画复制，也可以应用于美术画集或风景明信片等。压痕又叫压痕线或压线，利用钢刀、钢线排列成模板，在压力作用下将印刷品表面加工成易于折叠的痕迹。对于200g以上的纸张，也包括157g单一颜色油墨很厚的印刷品，折叠时往往会出现裂痕。为了不影响印刷品效果，可以通过压痕的办法来避免折叠处出现裂痕（图7-47～图7-49）。

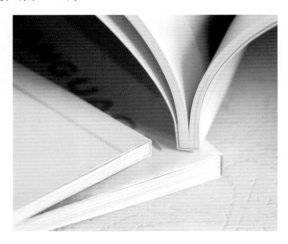

⊕ 图7-46 书籍覆膜效果

(a)

⊕ 图7-47 具有三维立体效果的特殊工艺

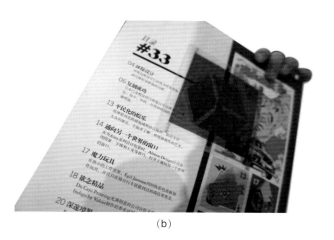

（b）

😊 图 7-47（续）

（a）

（a）

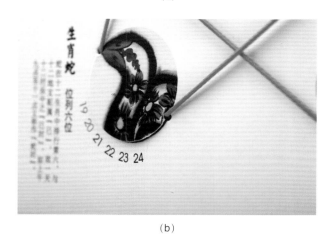

（b）

😊 图7-49　碑圆点工艺能够避免线绳磨损或者扯破纸张

（b）

😊 图7-48　三维膜工艺使印刷品随着角度的转换产生不同的图案

　　虽然印刷工艺种类繁多、绚丽夺目，然而一本优秀的书籍设计并不在于使用了大量的印刷工艺，而是能够将各种印刷工艺灵活地综合运用，选择合适的材质，把书籍的内涵以最为适合的方式呈现出来（图 7-50）。

（a）

（b）

😊 图7-50　印刷工艺综合运用实例

(c)

(d)

(e)

(f)

图 7-50（续）

思考与练习

讨论题：

1. 简述印刷工艺对于书籍设计的重要性。

2. 简述印刷工艺在不同材质上的视觉效果分析。

第8章
当代书籍设计及发展趋势

8.1 当代书籍设计

"世界最美的书"评选是目前国际书籍设计界影响力最大的评选。这项评选的前身是1914年开始举办的莱比锡国际书籍艺术展览会。1989年中国选送的上海书画出版社的《十竹斋书画谱》荣获该年度的大奖。1991年以后,该活动被"世界最美的书"评选所取代,成为一项国际性的盛事。

"中国最美的书"是由上海市新闻出版局主办的评选活动,以书籍设计的整体艺术效果和制作工艺与技术的完美统一为标准,邀请海内外顶尖的书籍设计师担任评委,评选出中国内地出版的优秀图书20本,授予年度"中国最美的书"称号并送往德国莱比锡参加"世界最美的书"的评选。截至2012年11月,"中国最美的书"中有11本获得了"世界最美的书"称号。"中国最美的书"已经成为中国文化界的知名品牌,也为中国优秀的图书设计走向世界提供了有利平台。

8.1.1 书籍设计代表人物及作品介绍

国际上具有代表性的书籍设计师有荷兰书籍设计师伊玛·布(IRMA BOOM)、日本设计界巨人杉浦康平(SUGIURA KOHEI)、韩国设计大师安尚秀等。

中国书籍设计在快速发展的过程中同样涌现出了一批优秀的书籍设计师,为中国在世界书籍设计界赢得了荣誉,其中包括吕敬人、袁银昌、朱赢椿、刘晓翔、韩湛宁、吴勇、小马哥、赵清、赵健、杨林青、李德庚等。

1. 伊玛·布(IRMA BOOM)

伊玛·布是当今世界首屈一指的书籍设计师。她几乎囊括了全世界最重要的设计奖项,包括三度荣获"世界最美的书"金奖,2001年德国莱比锡书籍设计终身成就奖等。1991年创立自己的设计室至今,她设计过的书籍多达300本。在她的书籍设计里,书超越了一般平面阅读的经验,向我们展现一种三维空间的阅读体验——触觉甚至嗅觉,观赏伊玛·布的书籍设计就是一场演出。伊玛·布特别注重对逻辑、内容、阅读方式的塑造,所以她的设计也因此超越了内容的呈现,这是她编辑设计的重要手段。工作对伊玛·布来说是一种过程,一种她积极参与并投入大量时间进行研究的过程。伊玛·布说:"制作过程是一段'互动的旅程',任务委托者和设计师双方都必须对未知和不可预料的事物抱持开放的态度。"她最具自主性、备受关注和富于试验性的作品是跨国公司SHV的企业出版物(1996年)和艺术家Sheila Hicks的作品集(2006年)。

庆祝荷兰SHV Holdings成立100周年,厚达2136页的 *SHV Think Book* 是伊玛·布最具有代表性的作品,这本书已经成为荷兰设计界的国际性标志。设计这本书花了近5年的时间,可称为伊玛·布的成名作(图8-1)。

Sheila Hicks 是介绍纺织艺术家 Sheila Hicks 的。它的编排非常简洁,艺术品的图片总是位于右页。书的切口正好反映出 Sheila Hicks 的作品风格,书的粗糙边缘与她作品中的散边设计交相呼应(图 8-2)。

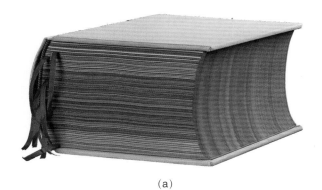

(a)

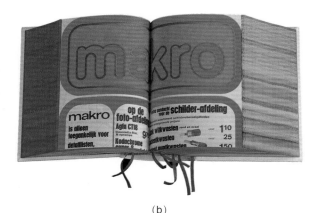

(b)

(c)

(d)

⬆ 图8-1　*SHV Think Book*

(a)

(b)

(c)

⬆ 图8-2　*Sheila Hicks*

(d)

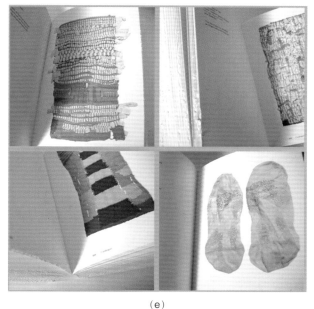

(e)

⬆ 图　8-2（续）

2．杉浦康平 SUGIURA KOHEI

　　杉浦康平是平面设计大师、书籍设计家、教育家、神户艺术工科大学教授，亚洲图像研究学者第一人，多次策划有关亚洲文化的展览会、音乐会和书籍，以其独特的方法论将意识领域世界形象化，对新一代创作者影响甚大，被誉为日本设计界的巨人。他酷爱东方哲学，对中国文化怀有极其浓厚的兴趣。在学习欧洲现代主义艺术之后，他又回到东方文化中，探究亚洲文化的神秘渊源，并将西欧的设计表现手法融入东方哲理和美学思维方式中，赋予作品一种全新的东方文化精神和理念。从他的作品中可以感受到强烈的东方文化气息和情结。

　　杉浦康平设计的《全宇宙志》（1979 年）巧妙

地利用了书的切口，当往左翻阅时切口呈现出宇宙星云图，往右翻时切口又变成无垠的银河系。《全宇宙志》将其对书籍的理解以及书籍设计的哲学思想体现得淋漓尽致（图 8-3）。

(a)

(b)

(c)

⬆ 图8-3 《全宇宙志》

(d)

(e)

(f)

🔆 图 8-3（续）

3．安尚秀

国际平面设计家联盟 AGI 成员，前 COGRADA 世界平面设计协会主席，PaTI 设计学院院长，弘益大学美术学院视觉设计系教授，中央美术学院客座教授。长期从事平面设计教育、书籍设计和独立出版工作，拥有一家私人出版社。1995 年获首尔汉阳大学理学博士学位，2001 年英国金斯顿大学设计名誉博士。1982 年被《设计月刊》评选为年度设计师，1998 年获第 8 届"Zgraf8"国际设计展大奖，2009 年获世界设计大奖。

在其作品《报告书 / 报告书》（*bogoseo/bogoseo*）（1988 年）中，安尚秀把韩国的传统文化融入了现代的宣传和传播的符号之中。1988 年，安尚秀为杂志《报告书 / 报告书》的封面提供了一张自拍肖像照。照片中他选择用一只手遮住一侧眼睛，另一只手捂住嘴，为肖像设计出一个独立在五官表情之外的特别表达（图 8-4）。

(a)

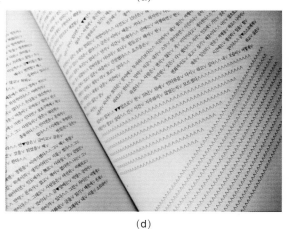

(d)

🔆 图8-4 《报告书/报告书》

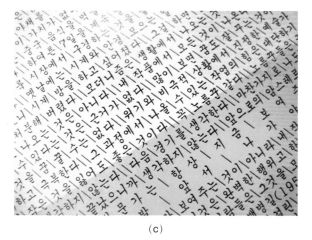

(c)

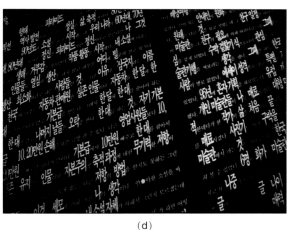

(d)

得者。

作品《中国记忆》2008 年获得"中国最美的书"奖，2009 年获得"世界最美的书"奖。《中国记忆》是一本特展图录，整体设计元素取材于中国传统文化中虚实的概念。由外至内，从函套的外封到书籍的封面，视觉质感上体现出阳刚与阴柔的变幻。采用柔软纸材结合中式装订的形式，加上中国符号在细节上的运用，改变了传统图录的特征与质感，增强了阅读的层次感和书籍的文化感（图 8-5）。

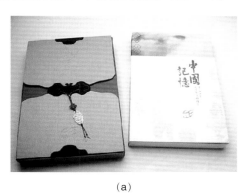

(a)

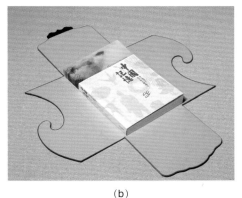

(b)

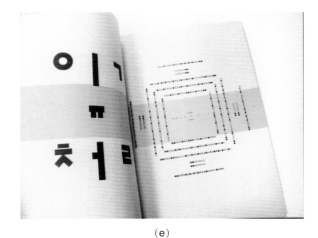

(e)

✿ 图 8-4（续）

4．吕敬人

国际平面设计家联盟 AGI 成员，中国艺术研究院研究员，敬人书籍设计工作室艺术总监。

曾获得德国莱比锡"世界最美的书"奖、中国政府出版装帧奖以及 12 次"中国最美的书"获奖

(c)

✿ 图 8-5 《中国记忆》

作品《怀袖雅物》获得 2010 年度"中国最美的书"奖。这是一部详细记载苏扇的书，旨在全面展现明清以降折扇在材质、造型、雕刻技艺、扇面艺术的全貌，力图表现苏扇自明代以来 6 个世纪的历程。《怀袖雅物》分平装和精装两个版本，可以满足不同层次读者的需求。精装版配有一把精致的仿明代乌骨泥金折扇。扇子的制作是由苏州的传统艺人完成，每一把都是严格按明代制扇工艺制作，真实还原了明代折扇格式，将明代苏扇的魅力重现到读者面前。打开这本书仿佛开启了一扇门，看书的过程就是发现的过程。书籍开本为 8 开，采用 40g 的超薄特种工艺纸，非常轻柔，翻动起来犹如微风拂过，营造了一种富有东方气息的柔和的阅读氛围。书脊上梅、兰、竹、菊的细节设计也呈现出浓郁的民族特色。整本书制作工艺精湛，无论从色彩还是装帧方式都充满了一股古典韵味，富有传统内涵的同时体现了时代感。读者阅读这部书可以感受到苏扇的历史韵味和 600 年来的雅致气息（图 8-6）。

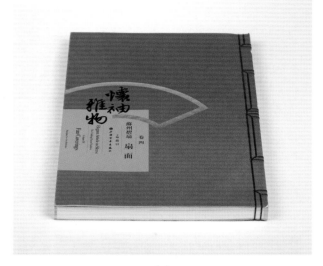

(c)

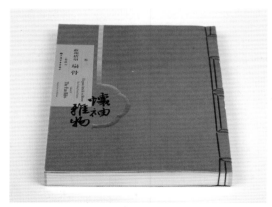

(a)

(d)

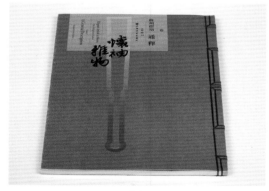

(b)

🕊 图8-6 《怀袖雅物》

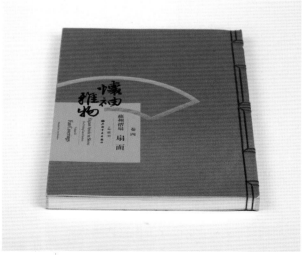

(e)

🕊 图 8-6（续）

(f)

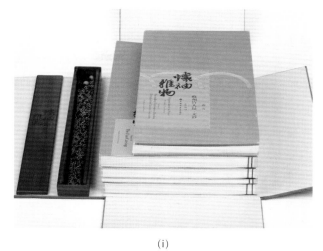

(i)

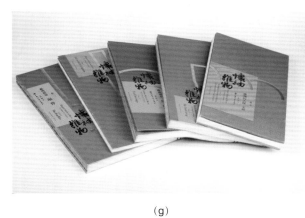

(g)

(j)

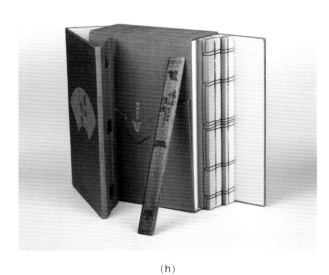

(h)

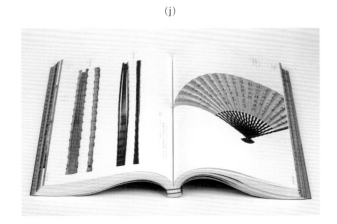

(k)

↑ 图　8-6（续）

5．袁银昌

上海文艺出版社艺术总监，中国出版工作者协会书籍装帧艺术委员会副主任，上海市美术家协会书籍设计工作委员会主任。自 1980 年以来设计了

1000 多张封面,获得几十个奖项。多次获得"中国最美的书"奖。

作品《宝相庄严——五百罗汉集释》获得 2011 年度"中国最美的书"奖。封面采用印刷烫压技术,装帧工艺采用精装方式的同时保持了线装书的风格。全书通过包背装折页的错位设计,使书口形成一个完整的宝相花图案。用色与寺庙的墙体颜色一致,有着非常强的佛教色彩。书中的佛像图案每一个都经过了精心的修饰(图 8-7)。

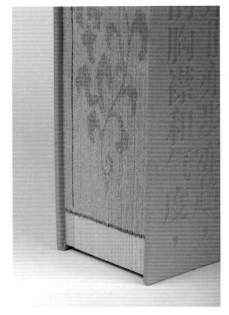

(c)

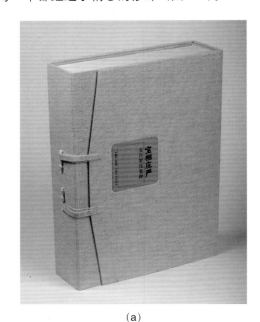

(a)

(d)

(b)

(e)

↑ 图8-7 《宝相庄严——五百罗汉集释》

↑ 图 8-7(续)

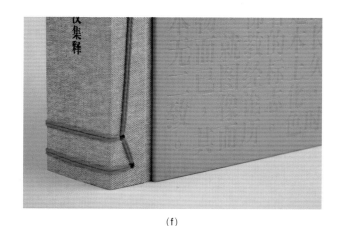

(f)

⬆ 图 8-7（续）

6．朱赢椿

南京书衣坊工作室设计总监，南京师范大学出版社艺术总监，中国出版协会书籍装帧艺术委员会委员，江苏省出版协会书籍装帧艺术委员会主任。2010—2011 年"中国最美的书"评委，书籍设计多次获得"中国最美的书"及"世界最美的书"奖。多部作品入选国际书籍设计展览并获奖。

《蚁呓》2008 年获"世界最美的书"奖。这是一本由设计师自编自导自演贯入书籍整体设计理念的书，以蚂蚁为第一人称的角色拟人化地表达了对生命的感悟。设计师充分运用书籍设计语言，以视觉对比的手法，突出蚂蚁的细小点在纸张上的游走、停顿、聚焦、消散，产生出一个个生动的故事，催人动情、令人深思。书中大量的空白以及惜墨如金的图文运用，使读者有很大的联想余地。作者主导性的投入到书籍的整体编排中十分难能可贵（图 8-8）。

《蜗牛慢吞吞》2012 年获得"中国最美的书"奖。朱赢椿既是这本书的作者也是它的设计者。整本书印刷及制作工艺非常精致。封面用 UV 印刷工艺展现出蜗牛爬过留下的痕迹，这个看似简单的痕迹并不是设计师自己刻意设计的，而是真正让小蜗牛爬了好几天的成果（图 8-9）。

7．刘晓翔

北京刘晓翔工作室艺术总监，中国出版协会装帧艺术工作委员会常务委员，高等教育出版社编审，

曾获第五届（1999 年）、第六届（2004 年）全国书籍设计艺术展多项最佳设计。2005 年至今多次获得"中国最美的书"奖，2010 年、2012 年两次获得"世界最美的书"奖。

(a)

(b)

⬆ 图8-8 《蚁呓》

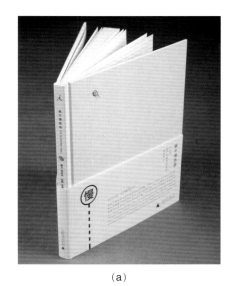

(a)

⬆ 图8-9 《蜗牛慢吞吞》

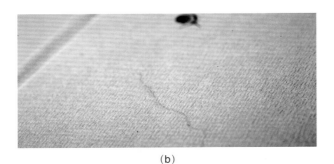

(b)

(c)

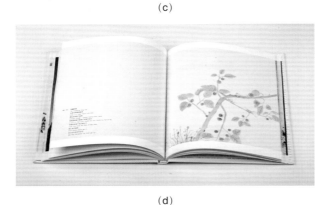

(d)

⊕ 图 8-9（续）

(a)　　　　　　　　　　(b)

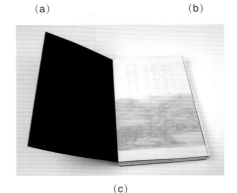

(c)

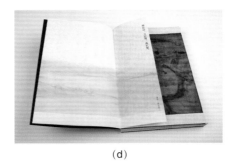

(d)

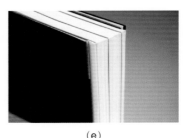

(e)

(f)

⊕ 图8-10 《诗经》

　　2010 年"世界最美的书"奖《诗经》。这是以古今对照的形式编排的 305 首诗经，除了原诗以外，加入了经译、注释、韵读等内容。在版面的合理规划及安排下表现出现代感的相貌。用色简洁，以黑色与棕色构成设计的主色调，整体感觉端庄、质朴、简洁。字体及字号的选择功能性地区分出不同的内容，使古籍浸染了现代清爽的阅读风尚。不同纸材的运用，使风、雅、颂的区隔合理，极大地拓展了诗的想象空间。刘晓翔把秦人尚黑的风格运用在书籍设计中，主色调采用了黑色。封面采用黑色烫白色书名的简洁设计方式，从某个角度找到和《诗经》的契合点，传递出庄重大气的气息（图 8-10）。

《文爱艺诗集》2012 年"世界最美的书"奖。整体设计简洁而有个性。字体、颜色之间动静对比强烈,富有视觉冲击力。护封下部文字从封面延续至封底,体现了流动的美。切口以红色的方式呈现韵味十足（图 8-11）。

（a）

（b）

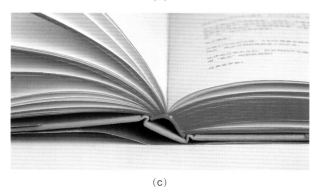

（c）

图8-11　《文爱艺诗集》

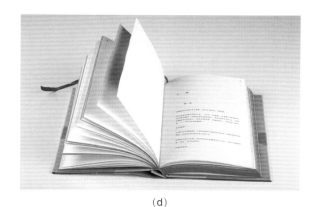

（d）

图　8-11（续）

8．小马哥（橙子）

《漫游：建筑体验与文学想象》2011 年获得"世界最美的书"奖。这是一本很特别的书,编撰思路独特,内容繁杂,页数众多。包括 9 篇小说（中英双语）,9 座建筑的大量实景图、结构矢量图、手稿、草图、建筑信息、作家考察纪实等。这本书不能设计成简单的建筑画册,也不能只设计成小说集。受到康定斯基的名著《点线面》的启发,设计师找到了建筑和文学的共通之处——"空间"。建筑是"物质的空间",文学是"精神的空间","点、线、面"是构成所有空间的基础元素。"点、线、面"的抽象组合正是连接文学和艺术的桥梁。设计师以此为基点设计出更多灵动的"点",多变的"线",丰富的"面"构建全书的视觉空间系统,让这些元素穿插焊接到早都已确定了的书籍结构中去,让他们"漫游"于建筑和文学之间。书籍的结构是书籍设计的基石,这本书的结构将建筑和小说设置为并置与对等的关系。小说统一为一种纸张和开度,朴实、严谨。建筑就放开,用不同的纸张印制不同类型的图片,大小不同的纸张相互穿插追求变化,利用纸张的交错展示建筑的构成感、分量感。切口设计呈现出不同的层次感丰富了书籍的内涵（图 8-12）。

8.1.2　优秀书籍设计作品赏析

1．《剪纸的故事》

2012 年获得"世界最美的书"银奖。素白的封面上凹陷出剪纸的动物图形,传承了中国斑斓多彩的剪纸文化。书页横向裁开的设计,让纸张变成了三维的舞台,内容丰富有趣,如图 8-13 所示。

(a)

(b)

(c)

(d)

✿ 图8-12 《漫游:建筑体验与文学想象》

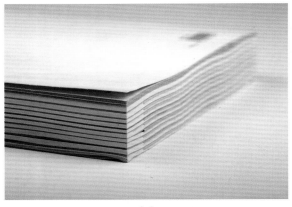

(e)

(f)

(g)

(h)

✿ 图 8-12(续)

(a)

(b)

(c)

(d)

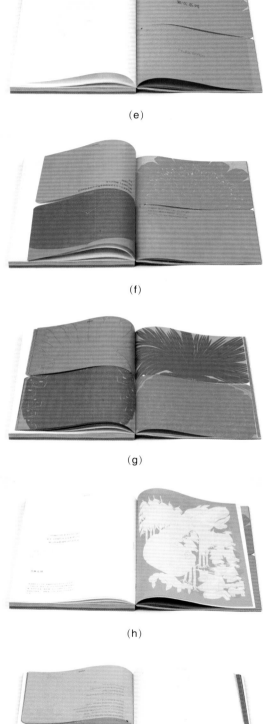

(e)

(f)

(g)

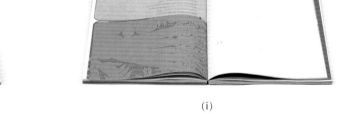

(h)

(i)

图8-13　《剪纸的故事》

(j)

(k)

(l)

（m）

❶ 图 8-13（续）

2.《生命的诞生》

一本非常有趣的书,将复杂的生命诞生的过程以简洁的画面生动地体现出来,如图 8-14 所示。

(a)

(b)

(c)

(d)

❶ 图8-14 《生命的诞生》

(e)

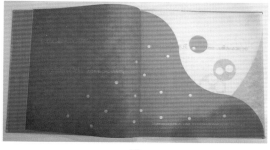

(f)

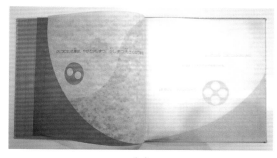

(g)

(h)

(i)

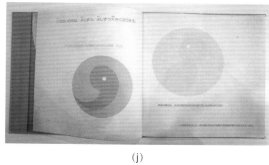

(j)

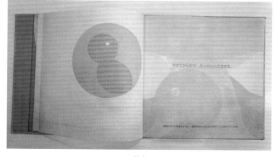

(k)

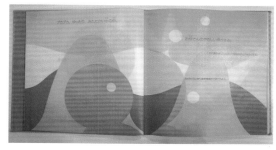

(l)

(m)

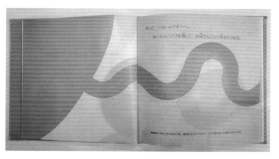

(n)

⬆ 图 8-14（续）

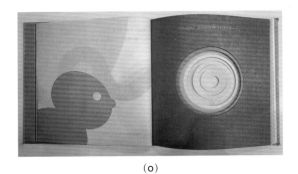

(o)

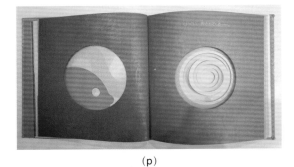

(p)

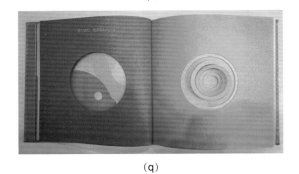

(q)

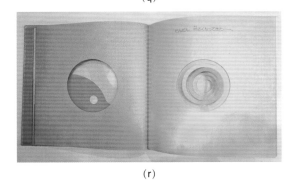

(r)

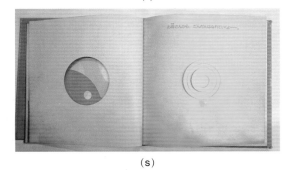

(s)

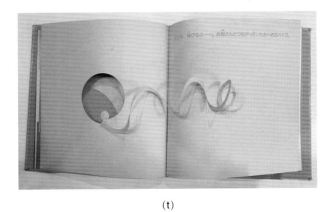

(t)

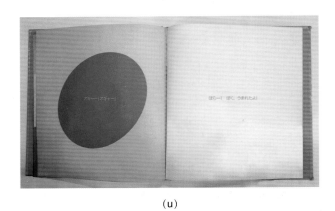

(u)

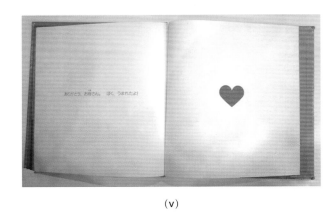

(v)

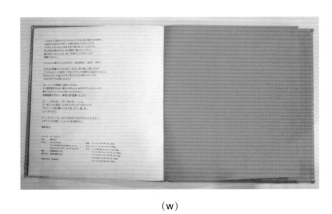

(w)

↑ 图 8-14（续）

（x）

➌ 图　8-14（续）

3.《一个一个人》

2012 年获得"中国最美的书"奖。设计师以"旧书"的概念来定义这本书的风格。封面过油部分给人一种撕坏的书页用胶带粘在一起的错觉，内页上印刷的票据也像是在旧书中插入了真实的票据，如图 8-15 所示。

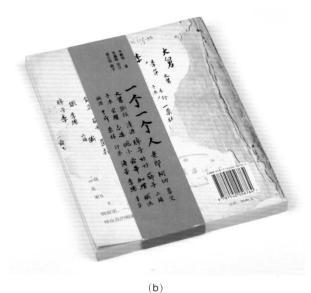

（b）

（c）

（a）

➌ 图8-15　《一个一个人》

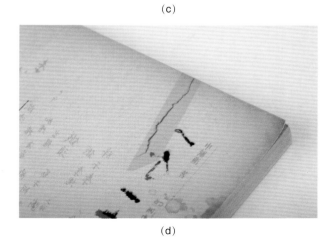

（d）

➌ 图　8-15（续）

(e)

(f)

(g)

(h)

(i)

(j)

(k)

⬆ 图　8-15（续）

4.《设计诗》

设计师朱赢椿将诗歌和设计通过与视觉画面结合起来，呈现出画面上的诗意感觉，是一种具有设计师特色的新感觉诗歌，如图 8-16 所示。

5.《曼陀罗发光——杉浦康平的书籍设计世界》

设计师佐藤雅彦创造的立体视像书令读者惊叹不已，精致的激光纸印刷封面非常惊艳，这本书在传统与前卫交织中找到了切入点和平衡点，如图 8-17 所示。

（a）

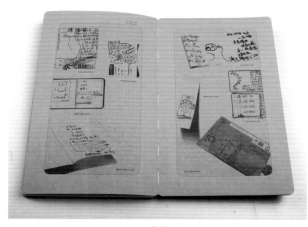

（b）

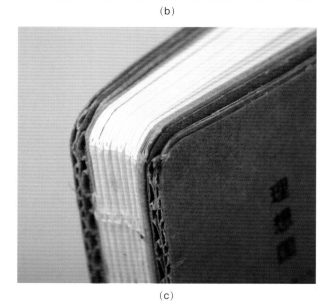

（c）

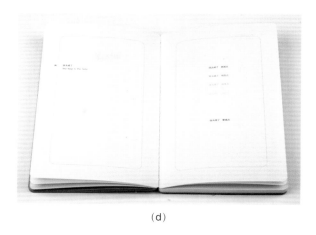

（d）

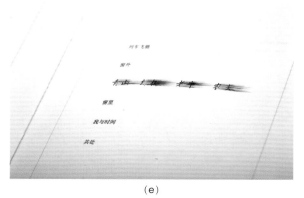

（e）

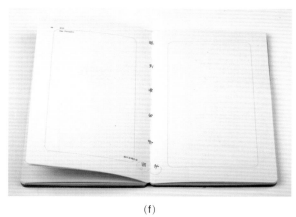

（f）

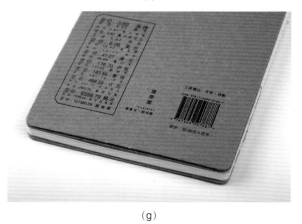

（g）

🔝 图8-16　《设计诗》

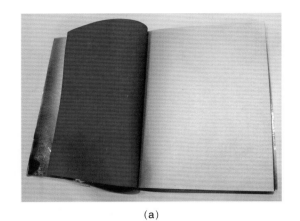

(a)

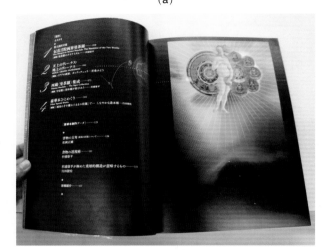

(b)

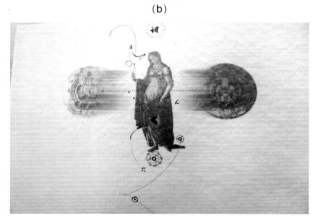

(c)

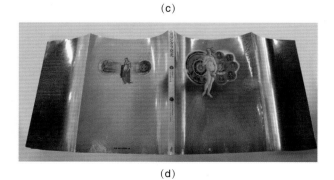

(d)

(e)

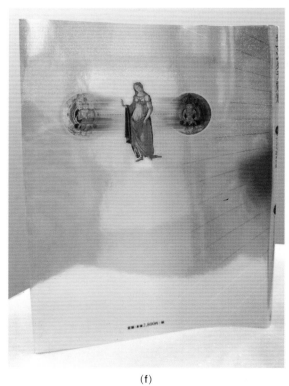

(f)

图8-17 《曼陀罗发光——杉浦康平的书籍设计宇宙》

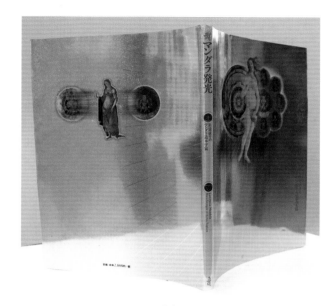

（g）

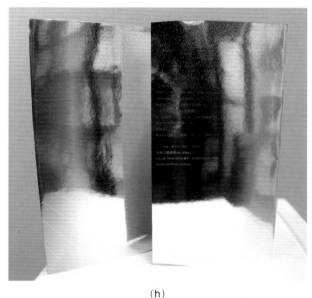

（h）

✿ 图 8-17（续）

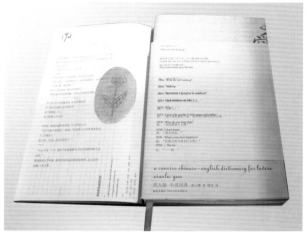

（a）

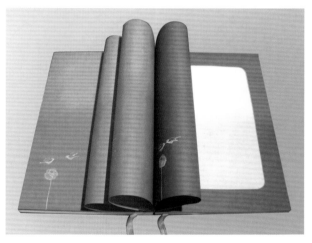

（b）

（c）

✿ 图8-18 《恋人版中英词典》

6.《恋人版中英词典》

这本小说采用了雪青色和玫红色作为主要色调分别指代男女两位主人公。整本书用手写页码和随性手工涂鸦插画展现出一种随性、闲散、质朴的感觉，更容易被读者接受和铭记，如图 8-18 所示。

7.*Sharks And Other Sea Monsters*

鲨鱼等海洋生物的形态随着每张书页的展开直观地呈现在读者面前。立体的造型、绚丽的色彩使海洋生物栩栩如生、富有视觉渲染力，如图 8-19 所示。

(d)

⬆ 图　8-18（续）

(c)

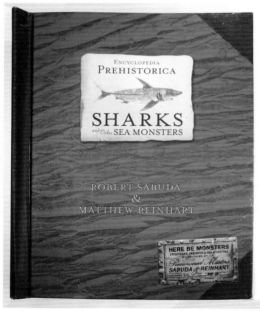

(a)

(d)

(b)

⬆ 图8-19　*Sharks And Other Sea Monsters*

(e)

⬆ 图　8-19（续）

(f)

(a)

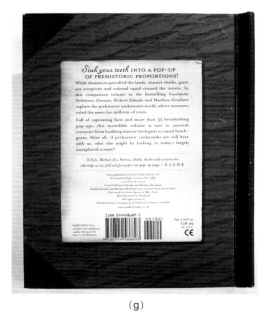

(g)

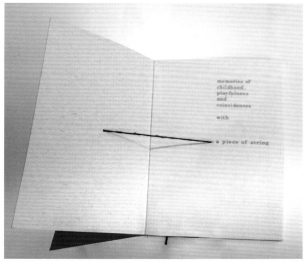

(b)

♠ 图　8-19（续）

8．*A piece of String*

这是一本非常有趣的书，以一根线贯穿书籍的始终，每一页都是一根线带来的故事。画面简洁干净，轻松的画风使人备感亲切，如图 8-20 所示。

9．《瓦盖利斯·瑞纳斯作品集》

书籍根据内容结构分为两个部分，可以分开阅读也可以合在一起阅读。书籍封面上用特殊 UV 工艺营造出绘画笔触的视觉效果，表面具有参差不齐的触感。质朴中体现出艺术家的风格和气质，如图 8-21 所示。

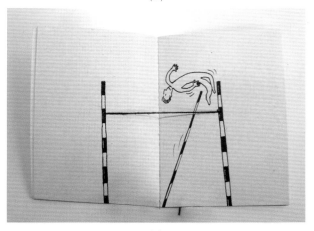

(c)

♠ 图8-20　*A piece of String*

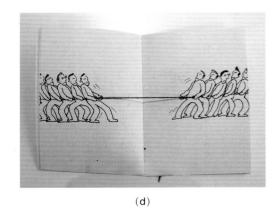

(d)

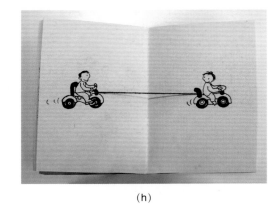

(h)

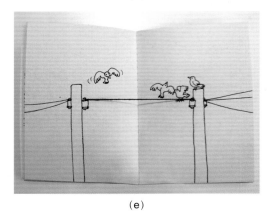

(e)

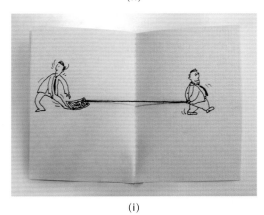

(i)

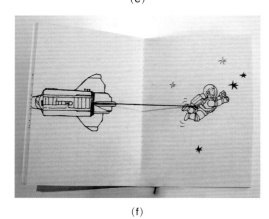

(f)

(j)

(g)

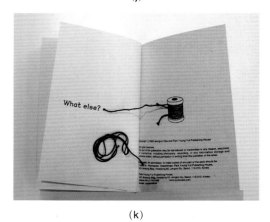

(k)

图 8-20（续）

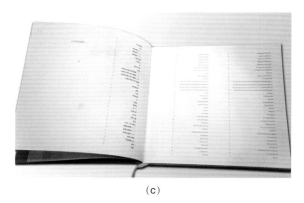

(c)

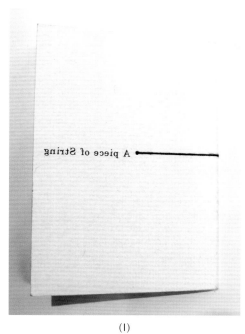

(l)

❀ 图　8-20（续）

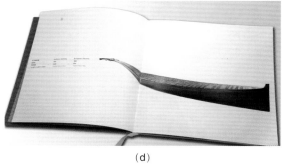

(d)

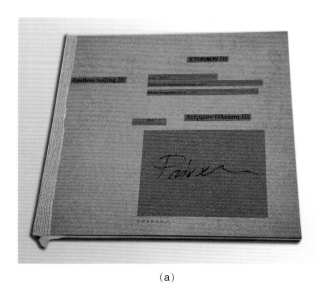

(a)

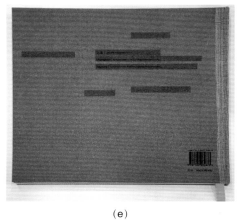

(e)

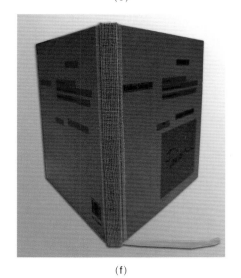

(f)

❀ 图8-21　《瓦盖利斯·瑞纳斯作品集》

❀ 图　8-21（续）

(b)

(g)

(h)

(i)

(j)

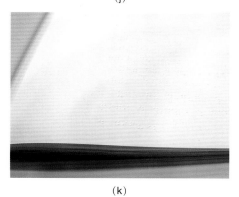

(k)

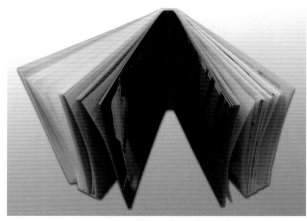

(l)

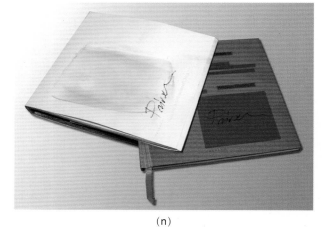

(m)

(n)

⬆ 图 8-21（续）

10. *Lokus Gästebuch*

这本德文书籍围绕厕所这个主题展开，用生动幽默的画面表现主题，尤其在纸张上大胆地采用卫生纸作为部分页面，如图 8-22 所示。

(a)

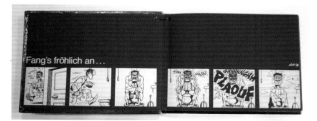

(b)

(c)

(d)

(e)

(f)

(g)

(h)

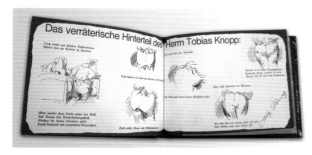

(i)

(j)

图8-22　*Lokus Gästebuch*

(k)

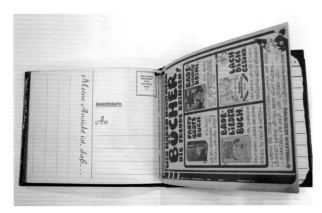

(l)

(m)

(n)

⬆ 图 8-22（续）

11．*365Pages*

　　整本书籍视觉顺畅，文字设计别具特色，与图形的构成画面具有传达情感给人以美感的视觉感受的功能。书籍中字体设计时，掌握好视觉要素的构成规律，通过字形与画面的巧妙组合，有效地吸引人们的注意力，给人们留下美好的印象，从而使设计出来的书籍起到整体感传达，如图 8-23 所示。

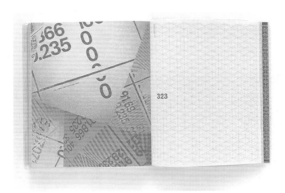

(a)

(b)

(c)

⬆ 图8-23　*365Pages*

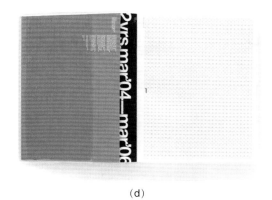

(d)

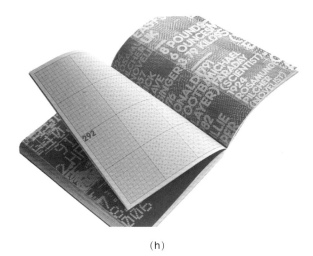

(h)

(e)

(i)

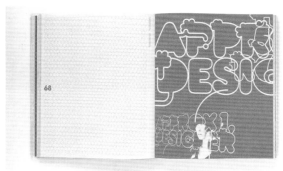

(f)

⬆ 图　8-23（续）

12．*Antonis Pittas Untitled*

　　整本书籍强调设计元素的对称与均衡。特殊纸张的运用减弱了色彩的纯度，质感十足。图形点、线、面关系与字体设计交相呼应，相得益彰，如图 8-24 所示。

(a)

⬆ 图8-24　*Antonis Pittas Untitled*

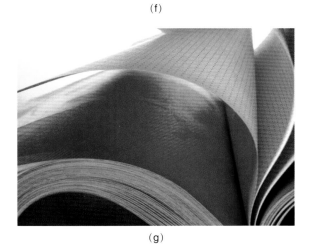

(g)

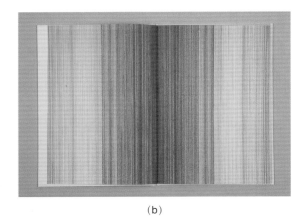

(b)

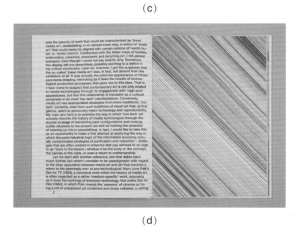

(c)

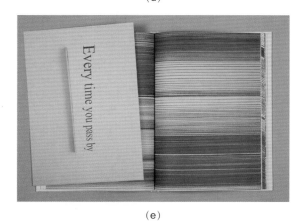

(d)

(a)

13. *Browsing Copy*

递进的开本设计给本书增添几分俏皮色彩，手工的刺绣让本书看起来活跃感十足，字体设计新潮而细腻，构成感较强，如图 8-25 所示。

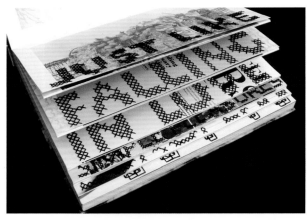

(b)

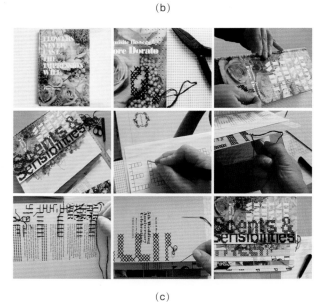

(c)

⊕ 图 8-25 *Browsing Copy*

⊕ 图　8-24（续）

(e)

(d)

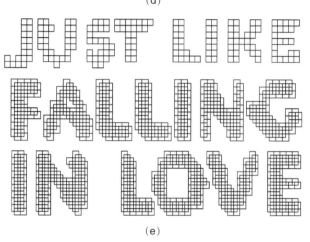

(e)

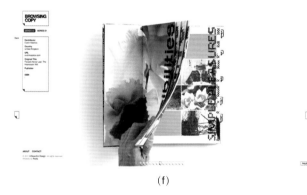

(f)

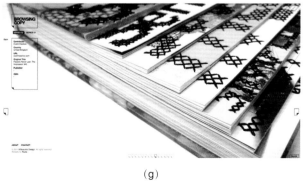

(g)

✿ 图 8-25（续）

14. *dansk*

时尚杂志 *dansk*，封面强调摄影本身的美感，编排如蜻蜓点水，到而不过。此设计涉及书籍设计中较重要的部分——图像，能第一时间反映出书籍的内容和形象，如图 8-26 所示。

(a)

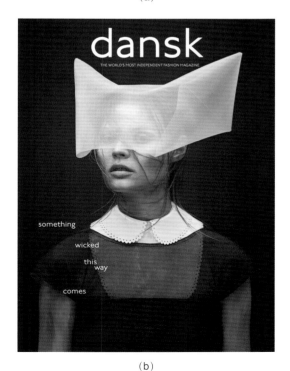

(b)

✿ 图8-26 *dansk*

(c)

(d)

↑ 图 8-26（续）

15. *WORKS*

Davide Mottes 主掌的异型书籍装帧设计，"F"异型结构能够更好地利用人的视觉特点来加强书籍的吸引力，合理的异型结构给人以整体的感受，如图 8-27 所示。

(a)

(b)

(c)

↑ 图8-27 *WORKS*

（d）

（g）

⬆ 图　8-27（续）

（e）

16．De Bijloke Muziekcentunm gent

　　本杂志封面设计统一，黑、黄、白色的经典搭配，色彩明快。注重书籍单册与单册之间的视觉关系及设计感受，如图 8-28 所示。

（a）

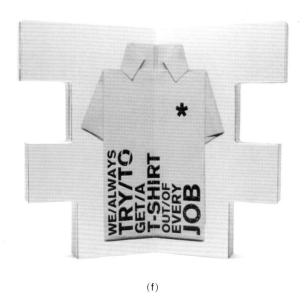

（f）

（b）

⬆ 图8-28　De Bijloke Muziekcentunm gent

(c)

(d)

🔶 图 8-28（续）

17．*Dior* 年鉴

经典的品牌，整体风格统一，低纯度的设计给人强烈的尊贵感。享受视觉冲击的同时感受其品牌的魅力所在，华贵优雅而不失经典。书籍设计是品牌的另一面形象，如图 8-29 所示。

(a)

(b)

(c)

🔶 图8-29 *Dior*

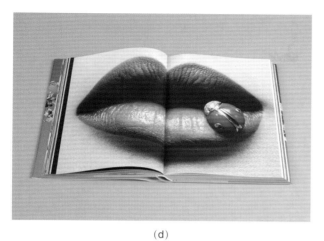

(d)

🔸 图　8-29（续）

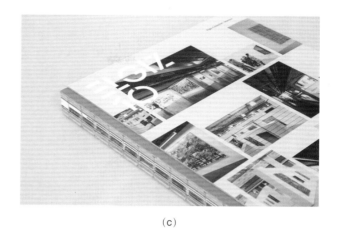

(c)

🔸 图　8-30（续）

18. *ELGIZ 10*

涵套＋硬镂空的方法使得本书具有较强的质感，沁透的紫色又充满神秘色彩，如图 8-30 所示。

19. *In the woods*

正如其内容讲解关于印刷中黑白色的特殊运用，书籍设计本身呈现黑白色系为主，特殊的肌理效果与字体设计的结合运用丰富了画面的形式感，视觉感较强，如图 8-31 所示。

(a)

(a)

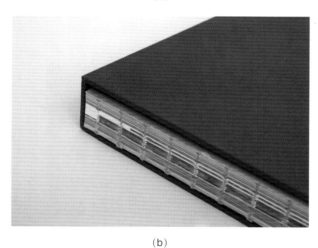

(b)

🔸 图8-30　*ELGIZ 10*

(b)

🔸 图8-31　*In the woods*

20．*Lack*

　　属异型书籍设计的类别,别致的提手设计给本书设计增添几分提巧的妙用,特殊肌理纸张的运用使得整体质感十足,如图8-32所示。

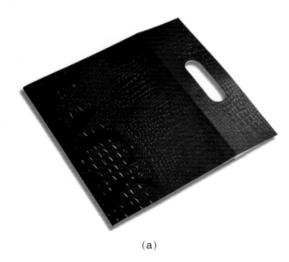

(a)

(b)

✿ 图8-32　*Lack*

21．*SAMANTHA WILLS*

　　特殊印刷的运用减弱了整本册子的色彩的纯度,图像成功诠释了品牌的精髓,册子本身单册与整体感并存,如图8-33所示。

22．*THE CIRCUS*

　　荧光红是近两年在书籍、CATALOG中运用较多的色彩范例,恰到好处的字体设计、勒口的特殊尺寸以及肌理运用促成其设计具有强烈的视觉冲击感,如图8-34所示。

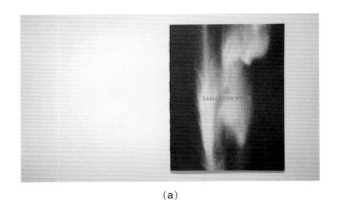

(a)

(b)

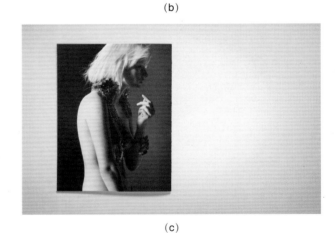

(c)

(d)

✿ 图8-33　*SAMANTHA WILLS*

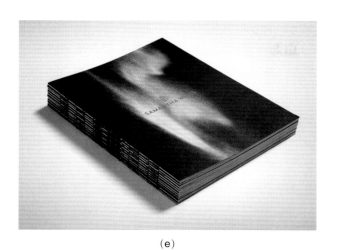

（e）

⊕ 图　8-33（续）

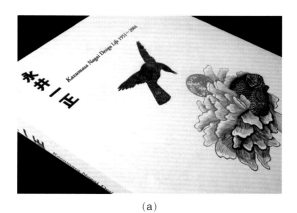

（a）

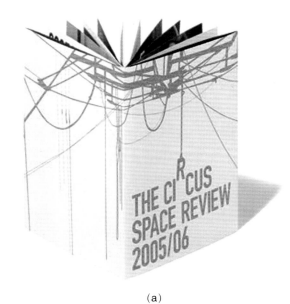

（a）

（b）

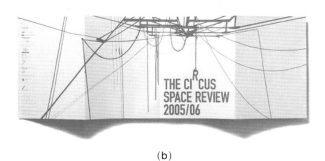

（b）

⊕ 图8-34　*THE CIRCUS*

23.《永井壹正》

　　该书的插画设计是整体设计的亮点，作者本身作为设计师对书籍节奏的把握到位，简单的编排更加凸显插画、字体设计的灵动，如图 8-35 所示。

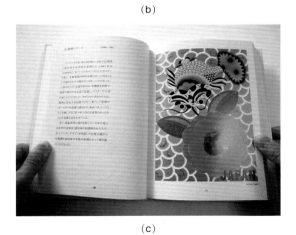

（c）

（d）

⊕ 图8-35　《永井壹正》

8.2 书籍设计的发展趋势

电子书是指人们所阅读的数字化出版物,区别于以纸张为载体的传统书籍。电子书利用计算机技术将一定的文字、图片、声音、影像等信息,通过数码方式记录在以光、电、磁为介质的设备中,借助于特定的设备来读取、复制和传输。电子书包含了两个层面的含义:一是指电子文本,包括电子图书和电子期刊等;二是指用来阅读电子书的专用阅读器。出版咨询专家迈克·沙兹金预言:"到2020年,印刷纸质图书将基本消失,只留有少数作为富人手中的收藏品和玩具。"电子书的迅猛发展无疑对传统书籍的生存造成了强势的冲击。

8.2.1 数字化时代传统书籍的存在价值

莎士比亚说:"书籍是世界的营养品"。一切震撼智慧的学说,一切打动心灵的热情都在书里结晶成形。书籍是人类知识储存和传授的有力工具,从书籍里人们可以汲取人类几千年发展所积累的知识;能够冲破时空的局限以广阔的视野看世界;能够超越独自思维的单信道联系获得大量信息。人类的进步离开了书籍便不可想象。在现代科学飞速发展知识爆炸的时代,阅读书籍仍然是人们获得知识的重要手段。

怀旧的情结、复古的时尚和独特的阅读体验,甚至某种品位身份象征,这些都是支持传统书籍继续存在下去的基本要素。但是,我们会发现即使在数字时代,传统书籍的价值不只在于获得信息量的多少和速度,更是在于开启心智引发思考的可能和过程。

1. 舒适阅读

传统的纸质图书无疑对读者来说更人性化。通过屏幕阅读文字,无论如何不会比阅读纸面上的文字更使人感到舒适并且节省目力,尤其是在光线充足的环境里。电子阅读器的大小都是固定的,而一

本图书的封面设计、装订方式和尺寸大小都各不相同,仅是不同的物理形态就能给人带来不同的感官享受。此外,传统书籍的阅读环境通常是静谧甚至私密的不受干扰的,个人时间与空间所营造出的独立的心理空间。电子书毕竟只是冰冷的电子设备。读者触摸不到各种装帧材料带来的不同手感,也感受不到纸张散发出的书香和翻阅书籍时纸张之间的摩擦声,对阅读环境要求更是相对随意。

2. 情感交流

书籍是用来阅读的,而阅读的目的是满足人们的精神享受和情感需求。人类对纸本和材料的情感需求是电子书无法代替的。传统书籍有着上千年的历史,具有其独特的文化感和亲和力,这些都使得它在阅读过程中的精神享受远远超过电子书。基于获取大量信息的阅读和基于获得更深层次精神享受与启示的阅读,这两种阅读目的在数字化时代日趋显著地逐渐分流。而能够激发读者感悟并获得更深层次情感交流才是传统书籍存在的价值所在与追求目标。可以说,人们真正需要的是一本"静态"的书。

3. 收藏品位

收藏可以陶冶情操、修身养性,同时也是收藏者品位和地位的象征。书籍作为收藏品有其悠久的历史,一方面它是承载历史、文化和艺术信息的商品;另一方面它给人们带来物质享受和精神愉悦。有些书除廉价的普通版本外,另外有若干册限定的精装本或特精本,这些书在油墨及印刷方面特别精致,纸质较好数量有限具有很好的收藏价值;有些签名本来就出于名家之手,再加上名人签名留言在扉页上便更有意义。还有像初版本、未裁本、孤本、错本、藏书票本、私印本、古籍版本等都具有很高的收藏价值。

8.2.2 整体设计对于传统书籍的重要性

在电子书越发猛烈的冲击形势下,传统书籍的价值就越体现在它独有的存在价值中。书籍设计正

是将这种价值最大化的手段。在重视传统版式设计的基础上必须同时突出书籍的造型、材料和印刷工艺,才能体现传统书籍的独特魅力。

1. 造型设计多元

电子书以电子设备为载体,外观造型单一无差别化、金属质感冰冷、设备体积重。无论文字还是图片都是呈现在二维的电子屏幕上,即使展示三维空间的图片也是虚拟真实感,与现实空间里可以触摸到的三个维度的真实感无法比拟。而这一点通过创意设计在传统书籍中是很容易实现的。不仅如此,传统书籍有着不同的细分方式,可以分为平装书和精装书;内容上可以分为文学、艺术、经济等。根据不同的细分方式书籍有着不同的设计。

多元化造型设计呈现出书籍的不同内容。确定了书籍主题之后从其内容中归纳特点捕捉视觉符号,将其形态视觉化定位表达在设计中从而达到形式与内容的统一。创意感十足的造型设计体现出书籍的不同个性（如图 8-36 和图 8-37）。追求造型多元化的同时一定不能为设计而设计、为出新而出新。德国著名书籍设计师冯德利希说:"重要的是必须按照不同的书籍内容赋予其合适的外貌,外观形象本身不是标准,对于内容精神的理解,才是书籍设计者努力的根本标志。"书籍设计要体现设计者和书本身的个性,只有贴近内容的设计才有表现力,脱离了书的自身设计也就失去了意义。

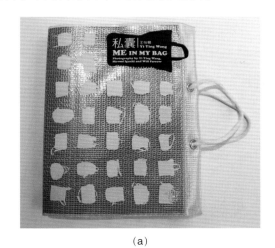

(a)

🔴 图8-36 《私囊》（这本书用手提袋作为书籍的封套,既创意十足又体现了书籍的内容)

(b)

(c)

(d)

(e)

🔴 图　8-36（续)

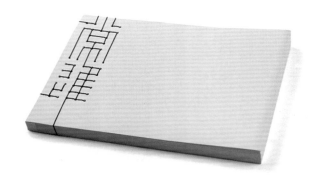

⬆ 图8-37 《常进》（画册的设计师在传统线装书装订方式的基础上利用了作者的名字，使整个书的装订线贯穿成文字，不仅解决了装订，同时封面设计清新淡雅、古韵十足。封面采用和内文完全一样的纸材，为了避免折边采用多层套装自然地产生厚度）

2．人书互动交流

人与书的情感交流和互动使阅读书籍成为一种精神享受。书籍设计充分利用人的感官感受，比如在介绍咖啡的书籍纸张中渗入咖啡的香味等创意增加了嗅觉上的愉悦感。阅读时随时将个人的心得体会记录在书籍的空白处更是人与书情感交流的重要手段。不仅如此，整本书阅读完成之后成为一本有着自己独立思考和想法的新的书籍。

互动性设计使人们在阅读书籍时充满了乐趣。获得"中国最美的书"称号的《不裁》是一本边看边裁的书。设计师在书的前环衬设计一张书签也可以当作裁纸刀用，让读者边看边裁有一种短暂的等待和喜悦，比那种随手可翻随处可读的文字多了一份阅读审美过程和趣味。当读者读完全书后会发现书的质感发生了变化，因为书由手工裁开，翻口的那种参差不齐的瑕疵给人一种残缺美的视觉享受（图 8-38）。随着页面的打开，每一个英文字母也随之立体的字母书给读者带来互动的快乐（图 8-39）。

3．色彩丰富真实

在目前电子设备的技术背景下，纸质书相对于电子书而言另外一个优点就是色彩。目前电子书阅读器分为两大类：一类以电脑、手机、iPad 这样的综合性电子设备为载体，另一类是以亚马逊 Kindle、索尼 Reader 为代表的电子书。前者显示屏可以显示色彩，但不同色彩数的颜色质量的显示效果不同。1600 万色非常清真，26 万色看上去就像有一层潮湿水层。色彩的保真还要受到分辨率和屏幕材质等的影响。后者采用电子墨水目前不能显示彩色，因为电子墨水的彩色屏技术尚未成熟。相对于电子书在色彩方面的捉襟见肘，纸质书却可以呈现出无数种亮丽的色彩，并且随着现代印刷和油墨技术的提高纸质书更加生动细腻绚丽多彩（图 8-40）。

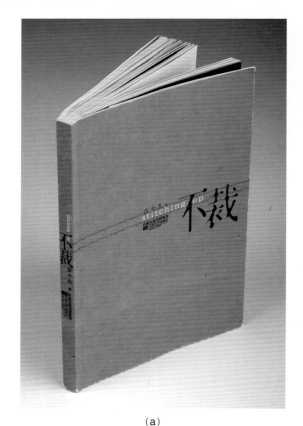

（a）

（b）

⬆ 图8-38 《不裁》（设计师：朱赢椿）

(c)

(d)

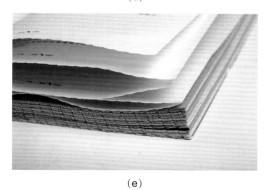

(e)

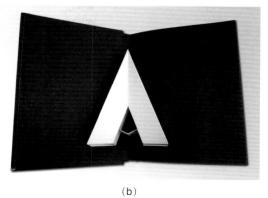

(b)

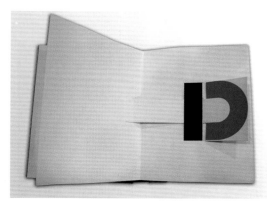

(c)

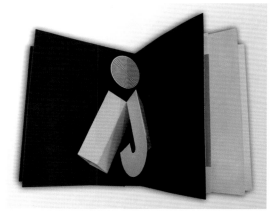

(d)

⬆ 图　8-38（续）

(a)

⬆ 图8-39　简洁的立体造型充满了构成感

(e)

⬆ 图　8-39（续）

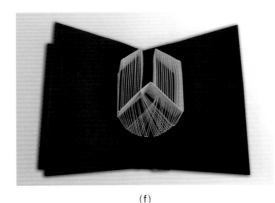

(f)

⊕ 图 8-39（续）

（a）

（b）

（c）

⊕ 图8-40 《2009年德国最美的书籍大赛作品集》（采用特殊的油墨和印刷工艺使封面的字体可以产生荧光效果，色彩绚丽夺目）

4．材料选择多样

在书籍的封面、扉页、衬纸等部分经常使用不同手感、重量感的材料，使书籍充满了人情味和亲切感的同时也为书籍增添了美感。书籍设计中常用的材料有织物、人造革、皮革、木材、特种纸等。织物包括棉、麻、丝绸、涤纶、人造纤维等，设计者可以根据不同的书籍内容和功能选择合适的织物。如经常翻阅的书可考虑用结实的织物装裱，而表达细腻的风格则可选用光滑的丝织品等。也有许多直接采用衣物材质进行书籍封面包装，如牛仔裤的斜纹和线头都会给设计师以灵感。人造革涂层可以擦洗、烫印，加工方便、价格便宜，常用作书籍的封面，特别是用量较大的系列丛书。优质的皮革由于其美观的皮纹和色泽以及烫印后明显的凹凸对比使它在各种封面材质中显得出类拔萃。木质材料在近期的书籍封面制作上经常使用。木质材料在书籍封面设计的效果上有不可估计的影响力，中国五千年文化从有文字记载开始大部分采用木质、竹质作为载体，所以在书籍的文化底蕴和整体的档次上木质材料有超强的表现力。特种纸有着特殊的纹理与表面处理，品种繁多，色彩丰富，有着很强的设计表现力（图 8-41）。

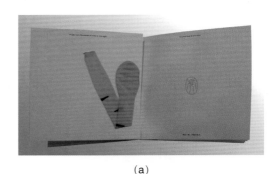

（a）

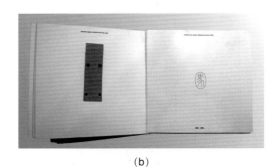

（b）

⊕ 图8-41 将不同的材质比如气球、毛线等应用在介绍十二生肖的书籍内页中，使设计充满了惊喜和乐趣

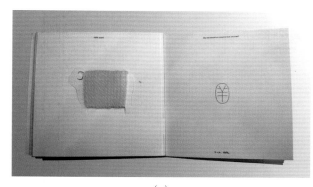

（c）

⤴ 图　8-41（续）

5．印刷工艺创新

电子书的显示效果受到色彩数、分辨率、屏幕材质、屏幕尺寸等各种因素的影响。色彩数少图像就会失真；分辨率低文字和图片就模糊不清；屏幕材质、屏幕尺寸不合适会使屏幕出现条纹。这几个因素相互作用极大地影响了阅读的舒适性。传统书籍以印刷的方式呈现，清晰明确的文字和色彩斑斓的图片令人赏心悦目。考究的装帧材料和精湛的印制工艺是构成书籍美感的重要因素，因此传统书籍设计要发挥其优势必须借助印刷工艺的力量。常用的印刷工艺有烫印，印金、银，UV，压凹、压凸，镂空，浮雕，模切等。随着印刷工艺的创新和进步书籍也越来越精美（图 8-42）。

传统书籍给读者的感官感受、心理感受和情感交流是未来电子书不能取而代之的根本因素。随着电子书的影响力与渗透力的加强势必会给传统图书带来冲击、挑战的同时也带来机遇。而创新设计正是将传统书籍的优势得以发挥的重要手段，翻看一本设计精美的书籍的艺术享受和情感交流是电子书无法替代的。造型、互动、色彩、材料和印刷工艺使书籍设计具有原创性和人情味。因此在书籍设计时应该更加注重人们在阅读时的感受，引导读者通过阅读进入更高层次精神领域的体验，带给人们可以享受的文字内容，使传统书籍延续其人文优势从而成为充满生命力的文化传播的载体。

（a）

（b）

⤴ 图8-42　画册设计中将绘画笔触以特殊印刷工艺表现在封面上，设计手法大胆创新，创造了视觉和触觉的双重享受

思考与练习

讨论题：

1．举例自己喜欢的书籍设计师及其作品。

2．未来纸质书籍的发展方向。

参 考 文 献

[1] 吕敬人. 书艺问道（书籍设计）[M]. 北京：中国青年出版社，2006.

[2] [日] 伊达千代, 内藤孝彦. 文字设计的原理 [M]. 悦知文化, 译. 北京：中信出版社，2012.

[3] [挪] 拉斯·缪勒等. 字体传奇：影响世界的 Helvetica[M]. 李德庚, 译. 重庆：重庆大学出版社，2012.

[4] [韩] 李正贤. WOW! 不一样的插画设计：Chunso 的梦幻世界 [M]. 杨轩, 译. 北京：中国青年出版社，2011.

[5] 吕敬人. 书籍设计基础 [M]. 北京：高等教育出版社，2012.

[6] 郑军. 书籍形态设计与印刷应用 [M]. 上海：上海书店出版社，2008.

[7] 王绍强. 书籍的触觉设计 [J]. 装饰，2007（8）：49-51.

[8] 陈芳, 王伟. 浅谈书籍装帧的印前工艺 [J]. 科技论坛，2012：45.

[9] 颜勇, 李伟. 几种常用数字印刷图像存储文件格式的区别 [J]. 广东印刷，2010：26.